住房和城乡建设领域"十四五"热点培训教材

城市污水处理提质增效案例集

赵　晔◎主　编

马洪涛　胡应均　李家驹◎副主编

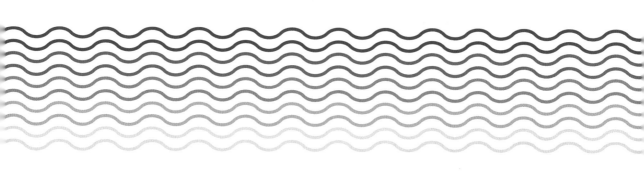

中国建筑工业出版社

图书在版编目（CIP）数据

城市污水处理提质增效案例集 / 赵晔主编；马洪涛，胡应均，李家驹副主编. —北京：中国建筑工业出版社，2024.1

住房和城乡建设领域"十四五"热点培训教材

ISBN 978-7-112-29435-0

Ⅰ.①城… Ⅱ.①赵… ②马… ③胡… ④李… Ⅲ.①城市污水处理—案例—汇编—教材 Ⅳ.①X703

中国国家版本馆CIP数据核字（2023）第244442号

《城镇污水处理提质增效三年行动方案（2019—2021年）》印发以来，各地在推进污水处理提质增效工作中，探索了很多创新机制，也取得了明显的成效。本书汇编了南北方具有代表性的9个城市污水处理提质增效的案例，案例的选择力求有系统的治理思路，有针对性的治理方案，有因地制宜的工程措施，有实际的治理效果，更有长效的推进机制，希望能对城市设计、城市建设、城市管理以及科研教学有一定借鉴参考意义。

责任编辑：葛又畅　李　杰
版式设计：锋尚设计
责任校对：张　颖
校对整理：赵　菲

住房和城乡建设领域"十四五"热点培训教材
城市污水处理提质增效案例集
赵　晔　主编
马洪涛　胡应均　李家驹　副主编
*
中国建筑工业出版社出版、发行（北京海淀三里河路9号）
各地新华书店、建筑书店经销
北京锋尚制版有限公司制版
临西县阅读时光印刷有限公司印刷
*
开本：787毫米×1092毫米　1/16　印张：14　字数：314千字
2024年1月第一版　2024年1月第一次印刷
定价：**129.00元**
ISBN 978-7-112-29435-0
（42105）

本书编委会

主　　编：赵　晔

副 主 编：马洪涛　胡应均　李家驹

参编人员：王腾旭　衣　力　刘彩玉　程彩霞　张　月

　　　　　高　伟　高　飞　黄海伟　任　霖　张春阳

　　　　　王　晨　许　可　孙宏扬

前言
PREFACE

党中央、国务院高度重视城市污水处理工作。习近平总书记强调，要加快补齐城镇污水收集和处理设施短板。2018年，中共中央、国务院印发《关于全面加强生态环境保护 坚决打好污染防治攻坚战的意见》，提出实施城镇污水处理"提质增效"三年行动，加快补齐城镇污水收集和处理设施短板，尽快实现污水管网全覆盖、全收集、全处理。2019年，经国务院同意，住房城乡建设部、国家发展改革委、生态环境部印发《城镇污水处理提质增效三年行动方案（2019—2021年）》（建城〔2019〕52号），在机制建设和设施建设两方面对完善污水收集系统提出要求。各地在推进污水处理提质增效工作中，探索了很多创新机制，也取得了明显的成效。

"十四五"时期对城市污水收集系统提出了更高质量的要求。《中华人民共和国国民经济和社会发展第十四个五年规划和2035年远景目标纲要》以及《中共中央 国务院关于深入打好污染防治攻坚战的意见》均明确提出，推进城镇污水管网全覆盖。全覆盖不仅是从设施方面，更应该是建设运维全过程的全生命周期的全覆盖。

本书汇编了南北方具有代表性的9个城市污水处理提质增效的案例，案例的选择力求有系统的治理思路，有针对性的治理方案，有因地制宜的工程措施，有实际的治理效果，更有长效的推进机制，特别是管网运行维护的保障机制，希望能对城市设计、城市建设、城市管理以及科研教学有一定借鉴参考意义。

本书编纂过程中，得到住房城乡建设部城市建设司、中规院（北京）规划设计有限公司、中国市政工程华北设计研究总院有限公司大力支持，特此感谢。

由于编者的水平有限，对污水收集处理系统的认识还很粗浅，难免存在疏漏和不足，敬请读者多提宝贵意见。

目录
CONTENTS

广州市地处珠江三角洲,地势北高南低,河流水系发达、河网密布,降雨强度大且集中。近年来,广州市按照住房城乡建设部关于污水处理提质增效工作部署,坚持向管理要效益、向工程要效果,统筹兼顾、整体施策,不断强化"'四洗'、排水户分级分类管理、排水监管进小区"等源头管控,构建"源头收纳(城中村截污纳管、排水单元达标建设)、过程转输(合流渠箱清污分流、公共管网新建改造)、末端处理(新扩建污水厂)"的工程体系,打造"责任清晰、'厂—网'一体、智慧排水、共建共享"的长效管理机制,不断推进城镇污水收集处理提质增效取得新进展、新成效,为丰水滨河城市污水治理提供可复制、可推广经验。

"十四五"以来,深圳市在消除黑臭水体的基础上,聚焦污水处理提质增效,加快构建以管网为核心的"双转变、双提升"水污染治理工作体系。针对22座BOD浓度低于100mg/L的厂,"一厂一策"整治攻坚。持续坚持"源头排查整改、老旧管网修复改造、问题排口/小流域溯源整改"的"关键三招",不断强化污水管网系统性。加快推进"雨水入污治理、截流管涵减水量、河湖海水倒灌整治"外水整治"三项行动",提升污水系统封闭性。持续推进"网格化、社会化、智慧化"排水精细化管理,保障治理的长效性。其对南方多雨城市、雨污分流系统构建与成效巩固具有借鉴意义。

近年来,苏州市以污水处理提质增效精准攻坚"333"(三消除、三整治、三提升)行动为抓手,坚持系统思维、多措并举、源头截污,高质量推进污水处理提质增效工作,城市水环境质量显著提升。创新管理体制机制,全面推进厂网统一管理改革;强化标准规范引领,出台排水户—管网—泵站—污水厂—湿地全过程指导性文件;推动尾水湿地建设,提升污水资源化利用效益;增强污水系统韧性,建设污水互联互通管道;搭建智慧管理平台,实现厂网一体化协同调度。对污水设施有一定基础,需要进一步巩固提升的城市有一定借鉴意义。

4 常州

常州地处长江中下游，属于典型平原河网城市，水系密布、雨量充沛。主城区污水收集与处理已形成"源网站厂一体""规建管养一体"的管理格局。常州典型做法如规划引领、多规合一，管网互联互通，管网低水位运行，高质量排查整治一体化，"挤外水"提升进水浓度，排水许可与合同"双轨制"及信用评价、排水球墨铸铁管的应用，管道建设质量管理，管网科学养护，养护"五结合"等具有可复制可推广性。对于雨量充沛的平原河网城市、实行雨污分流体制的城市具有借鉴意义。

5 重庆

重庆市按照"摸清系统本底、提升处理能力、补齐设施短板、健全管理机制"的思路推进污水处理提质增效工作。开展排水管网精细排查摸清系统本底与问题底数、开展节点水质监测谋划整治工作及验证问题整改成效、制定山地城市特色标准不断规范行业管理、以"挤外水"为重点统筹全域工程整治、建立市级统筹—区级落实—市财政兜底的机制保障治污资金、实行排水户分级分类管理落实排水许可管理制度、探索"厂网一体""按效付费"推行行业管理机制改革。在市区两级、各部门共同努力下，重庆市城市污水收集处理指标持续向好、清水绿岸美丽生态逐步显现，对西南片区山地城市污水提质增效工作具有借鉴意义。

6 成都

作为长江上游重要城市、成渝地区双城经济圈极核城市，成都市坚定贯彻落实习近平生态文明思想，紧密围绕国家"十四五"长江经济带发展工作部署，以建设践行新发展理念的公园城市示范区为统领，坚持系统治理、改革驱动、民生导向，全面优化水环境治理顶层设计，大力推进治水管水体制机制创新，实施供排净治一体化改革，全面开展管网普查治理，建立溯源排查机制，加快推进排水户源头普查治理，全力挤出污水管网中外水，推动生活污水收集处理提质增效，对于部分南方城市具有借鉴意义。

7 南宁

南宁市建立"有人管、有钱管、有制度管"的长效管理机制。推行污水处理"厂、网一体化"运行维护模式委托特许经营企业管理；制定管网养护定额，依据实际运维需求纳入财政预算足额保障；法制化推进城市水环境管理，出台《南宁市城镇排水与污水处理条例》。开展精细化管网普查，构建城市排水设施地理信息系统（GIS），动态更新，实时共享，全市排水设施信息"一张图"。通过系统的污水管网建设，加快雨污管网错混接改造，修复管网缺陷、排外水治漏损等举措，提高了建成区生活污水收集效率，提质增效效果显著。对管网底数不清、排水设施管理主体分散、"建、管"职责不清晰的多雨地区城市具有一定的启示作用。

8 济南

济南是著名的泉城，市内河湖众多。济南市污水处理提质增效工作坚持系统施策，按照"消溢流、改混接、治渗水、补空白"的整体策略，以汇水分区打包项目建设，启动实施总投资273亿元的排水管网提升改造PPP项目；坚持全面排查，采用"六步诊法"摸清问题底数；坚持源头治理，厂网同步，实现从源头到末端各环节的精准施策；坚持建管并重，建立了排水管线验收移交强制性内窥检测制度；坚持共建共享，建立排水设施运行维护费市、区统筹机制，足额筹措设施运行服务费，为北方大型城市污水收集与处理工作提供借鉴。

9 长治

近年来，长治市开展了河道整治、城市道路雨污分流改造、老旧小区雨污混错接点整治等工程，有效减少了低浓度水进入污水处理厂，提升了主城区污水处理厂进水BOD浓度；同时实现进污水处理厂处理水量下降，政府污水处理费支出减少，财政压力有所减轻，逐步实现了各部门联动，有力推进并完成了城市污水收集处理工作，城市水环境持续改善。持续推动共建共治共享机制，借助媒体平台，引导公众自觉维护雨水、污水管网等设施，鼓励公众监督治理成效、发现和反馈问题。对华北地区污水提质增效有一定的借鉴意义。

概述

我国城市污水处理发展阶段

城市排水与污水处理设施，承载着城市的卫生健康、安全及环境保护等多方面的功能。我国城市污水收集处理设施建设起步相对较晚。污水收集处理设施建设和相关政策体系建立随着城镇化建设推进，主要经历了3个发展阶段：

从改革开放到"九五"末（2000年），城镇化率从17.9%提升到36%，现代化污水处理设施建设实现了从无到有，相关政策建立刚刚起步。

1984年，我国第一座大型城市污水处理厂，天津市纪庄子污水处理厂竣工投产，规模为26万t/d。同年，我国共有城市污水处理厂43座。到2000年，城市污水处理厂共有427座，污水处理能力达0.22亿m³/d，污水处理率为34.2%，受经济发展水平和能力限制，生活污水直接排放或通过化粪池等简易处理排放比较普遍。

1981年，国家城市建设总局市政工程局印发《关于加强城市污水处理厂管理工作的意见》；1991年建设部、国家环境保护局印发《关于加快城市污水集中处理工程建设的若干规定》（建城〔1991〕594号）；1994年，建设部印发《城市排水许可管理办法》（建城〔1994〕330号），实行城市排水设施有偿使用管理，要求排水户办理排水许可手续；2000年，建设部、国家环境保护总局、科学技术部印发《城市污水处理及污染防治技术政策》（建城〔2000〕124号），尽管针对城市污水处理工作出台了一些政策，但相关政策尚不健全。

从"十五"初到"十二五"末（2001～2015年），城镇化率从36%

提升到56.1%，污水处理设施进入快速发展阶段，相关政策体系不断建立健全，但厂网不匹配的问题日益突出。

"十五"以后，国家发展改革委、住房城乡建设部每5年编制污水处理及再生利用规划，明确不同时期建设目标、任务和重点工作，到2015年，城市污水处理规模较"九五"末增长约7倍，达到1.4亿m³/d，污水处理率达到91.9%，污水处理能力基本满足需求。这期间污水处理厂建设总投资约4364亿元，污水管网建设投资仅为其一半左右，而我国一般新区建设污水处理厂与污水管网的投资比例应为1∶2，至少达到1∶1，这阶段管网建设滞后、欠账严重。

在法规政策标准建设方面有了长足的进步。2013年国务院颁布《城镇排水与污水处理条例》，明确了排水与污水处理设施规划、建设、运行维护等一系列制度要求，规范各方行为，使城镇排水与污水处理工作有法可依；2015年，住房城乡建设部发布部令《城镇污水排入排水管网许可管理办法》（住房和城乡建设部令第21号），规范污水排入城镇排水管网的管理，保障城镇排水与污水处理设施安全运行。

加强对设施建设运维等工作的管理。2004年建设部印发《关于加强城镇污水处理厂运行监管的意见》（建城〔2004〕153号），明确加快配套管网的建设，发挥污水处理设施的效益，保证污水处理厂一定的运行负荷率；2010年住房城乡建设部印发《城镇污水处理工作考核暂行办法》（建城函〔2010〕166号）；2011年发布《城镇污水处理厂运行、维护及安全技术规程》；2012年住房城乡建设部印发《关于进一步加强城市排水监测体系建设工作的通知》（建城〔2012〕62号）；2015年发布《污水排入城镇下水道水质标准》GB/T 31962—2015。

建立起污水处理收费制度。2002年，国家发展计划委员会、建设部、国家环境保护总局发布《关于印发推进城市污水、垃圾处理产业化发展意见的通知》，明确污水和垃圾处理费的征收标准可按保本微利、逐步到位的原则核定；2014年，财政部、国家发展改革委与住房城乡建设部联合印发《污水处理费征收使用管理办法》；2015年，国家发展改革委、财政部与住房城乡建设部联合印发《关于制定和调整污水处理收费标准等有关问题的通知》，要求2016年底前，设施城市污水处理收费标准原则上每吨应调整至居民不低于0.95元，非居民不低于1.4元，已经达到最低收费标准但尚未补偿成本并合理盈利的，应当结合污染防治形势进一步提高污水处理收费标准，明确将缴入国库的污水处理费与地方财政补贴资金统筹使用，保障设施运行维护费用。

"十三五"以来，城镇化发展进一步推进，到2022年城镇化率已达到65.2%。随着新时代的新要求，污水收集处理相关政策体系也在不断更新完善。

2021年，全国已建成2827座城市污水处理厂，污水处理能力近2.08亿m³/d，规模化效应明显，较2015年，新增城市污水处理能力超0.67亿m³/d，新增污水管网长度近15.91万km，分别提升47.9%、49.6%，但总体看，污水管网建设系统性仍不足，短板尚未补齐。

相关政策标准进一步完善。2017年，住房城乡建设部修订印发《城镇污水处理工作考核暂行办法》，将城镇污水处理效能等作为考核指标；2019年，住房城乡建设部、生态环境部、国家发展改革委联合印发《城镇污水处理提质增效三年行动方案（2019—2021年）》（建城〔2019〕52号），在设施建设和长效机制建设两方面对进一步提升污水收集处理系统效能提要求；2020年，国家发展改革委与住房城乡建设部联合印发《城镇生活污水处理设施补短板强弱项实施方案》（发改环资〔2020〕1234号）；2021年，国家发展改革委等10部委联合印发《关于推进污水资源化利用的指导意见》（发改环资〔2021〕13号）。

同时还制修订了《城镇污水再生利用工程设计规范》GB 50335—2016、《城市排水工程规划规范》GB 50318—2017、《室外排水设计标准》GB 50014—2021等标准规范。

污水处理提质增效的背景

党中央、国务院高度重视城市污水处理工作。

2018年，习近平总书记在全国生态环境保护大会上明确提出，在治水上有不少问题要解决，其中有一个问题非常迫切，就是要加快补齐城镇污水收集和处理设施短板；中共中央、国务院印发《关于全面加强生态环境保护 坚决打好污染防治攻坚战的意见》，提出实施城镇污水处理"提质增效"三年行动，加快补齐城镇污水收集和处理设施短板，尽快实现污水管网全覆盖、全收集、全处理。2022年，党的二十大报告中明确提出，中国式现代化是人与自然和谐共生的现代化，要求"基本消除城市黑臭水体"。

党的二十大报告明确提出要继续推进实践基础上的理论创新，首先要把握好新时代中国特色社会主义思想的世界观、方法论，坚持好、运用好贯穿其中的立场观点和方法。这也是指导我们做好污水处理工作所要坚持的。坚持人民至上。解决好房前屋后的黑臭水体、污水排不畅、污水直排等老百姓身边的糟心事、烦心事；坚持守正创新，探索创新模式和机制建设；坚持问题导向，找准关键薄弱环节精准治理；坚持系统观念，将治理工作放在经济社会全局发展中考虑；坚持胸怀天下，借鉴思路，推广中国经验。

经验做法

城市污水处理提质增效关键要解决的问题是让污水和清水各行其道并得到妥善处理，具体就是要推进收污水、挤外水、控雨水；同时要加强维护监管，重点是实现有人管、有钱管、有制度管。

（一）摸清家底，全面有效地开展管网等设施普查、排查工作

一是针对部分城市管网底数不清，管网问题积累较多的问题，应强化源头排水户到末端排口和处理设施的污水收集系统全面排查，特别对关键点位、问题点位开展有针对性排查，重点包括

小区、企事业单位等源头雨污分流情况，违规排水户排查；对污水中污染物浓度有明显改变管段，加强清水入渗入流（类型、水量、水质）、雨污错接混接、外水接入点、断头堵塞管、病害缺陷点、检查井、市政无主管道或设施等问题的排查，特别是对于满管运行的管段，应逐段排空后，系统开展排查；查明管道水位、末端排口与受纳水体标高关系，加强污水直排口的溯源排查；除此之外，还应结合具体情况，对过河管、倒虹吸管、低浓度工业废水，施工降水等开展重点排查。

二是建立常态化的周期性的管网排查。依法建立市政排水管网地理信息系统（GIS），实现管网信息化、账册化管理，应包括管网拓扑排查与病害排查情况。推进排水管网建设、运行、养护、检测、治理等基础信息的有效融合。落实排水管网周期性检测评估制度，建立和完善基于GIS系统的动态更新机制，逐步建立以5～10年为排查周期的长效机制和费用保障机制。

（二）推进管网的建设改造，加强清污分离

一是源头小区、企事业单位内部问题整改。推进住宅小区、机关事业单位（含学校）、商业企业、各类园区雨污分流，让雨水污水各行其道。例，济南市结合中心城区雨污合流管网改造工程，由政府统一对存在问题的小区进行雨污分流改造，质保期结束后，对于有物业管理的小区，交由原维护单位维护；对于开放式小区，纳入政府统一管理。深圳开展排水管理进小区，首次进场，需开展测绘、检测、清疏、修复四项工作，其中首次修复是对管道存在结构性、功能性隐患进行改造修复，包括排水户雨污水管网接驳、立管改造、路面恢复、绿化恢复及相关管线迁改等内容。以及苏州的零直排区建设等，都是在源头解决混错接问题，推进源头等雨污分流。

二是消除污水处理设施空白区和污水直排问题。城市新建区应依法同步规划建设排水管网和处理设施。新建居民小区或公共建筑排水应规范接入市政排水管网，市政污水管网未覆盖的，要依法建设污水处理设施达标排放。加强管网排查整治，打通断头管、修复破损管、改造错接管、疏通堵塞管，推进联网成片。对于缺少污水收集处理设施的老旧城区、城中村和城乡接合部，因地制宜采用集中纳管、沿河临时截污、分散式收集处理等方式，有效解决生活污水直排问题。开展分流制雨水管道排口旱季直排污水的溯源治理，采取截流措施的，应确保下游管网输送能力和污水处理能力满足截流量需求，截流治理工程要与城市排水防涝统筹。

三是合流暗涵的清污分流。部分城市存在合流暗涵，有些是原来的河道加盖后形成的，其密闭性差。有些城市采用末端截污的方式，将混合着河水、山泉水、地下水的污水一并送到污水处理厂处理，降低污水处理效能，同时污水处理厂出现了建多少都满负荷的问题。如，广州市在推进猎德污水处理厂提质增效工作中，系统开展沙河涌上游的南蛇坑（合流暗涵）清污分流，每天增加1万m³白云山山水流入沙河涌补水，同时减少1万m³进入猎德污水处理厂，提高进厂污水浓度及系统管网利用率。

四是过河管段的重点整治。过河管段受河道等外水影响大，一旦损坏，容易成为河水入渗和

污水外渗的集中点。过河管段修复改造由于开挖施工相对复杂，要结合管段情况选择处理方式。苏州主城区重点开展倒虹管（过河管）排查和修复，通过倒虹管反闭水试验，结合上下游河道水质变化，发现23根倒虹管存在27处问题点（主要为井接口渗漏），采用原位修复为主、开挖修复为辅的方式修复，每天至少减少污水漏出量1500t。深圳在推进新洲河沿河截污管改造时，由于开挖修复无施工作业面，且开挖后将严重影响城市交通，为了减少施工占道影响及开挖施工风险，采用非开挖修复工艺的CIPP紫外光固化修复法开展修复，过河管修复后，彻底解决了管道渗漏现象，片区污水收集效能明显提升，新洲河水质也得到明显改善。

五是工业企业和施工降水管控。对进入城镇污水收集处理系统的工业废水要做好评估，按照住房城乡建设部、生态环境部、国家发展改革委联合印发的《城镇污水处理提质增效三年行动方案（2019—2021年）》，经评估认定污染物不能被城镇污水处理厂有效处理或可能影响城镇污水处理厂出水稳定达标的，要限期退出。如，广州市2021年印发《广州市已接入城镇污水管网的工业企业生产废水评估管理工作指引（试行）》，重点对进出水水质有波动、运行不稳定的城镇生活污水处理厂服务范围内的工业企业，和近一年内因超标排放受到处罚的工业企业及工业密集区域实施评估。结合排污许可证和排水许可证核发、日常监管、行政处罚情况等，建立重点范围内已接入城镇污水管网的工业企业清单，并对清单中排入市政管网的废水水量、水质情况进行评估，整改不符合排放标准的工业企业。

同时，对于受低浓度工业废水，或者已经处理后的工业废水再次排入污水处理厂重复处理，影响严重的片区开展排查工作，分析评估工业企业废水纳管对污水厂的影响等。对区域内正在施工地点进行摸排，找出区域内施工降水点，监测其水量、水质，调查排水去向。对这类挤占污水处理系统的清水要尽量采取可行措施处理达标后直接排放水体。武汉市通过架设"小蓝管"，抽取深基坑水直接排入邻近水体，在解决深基坑降水排水问题的同时，降低周边排水系统的压力。

（三）推进管网的专业化运维，确保系统运行的高效性

推进厂—网一体化管理的核心是加强管网专业化日常维护管理，确保污水收集系统的效能，其中要解决的关键问题就是专业的人员队伍和资金保障及考核。

关于专业队伍，目前各地探索的有几种模式：一类是成立专门的管网维护公司配备专业的人员进行维护，比如，北京市以特许经营的方式委托北京排水集团作为中心城区污水收集处理系统设施投融资、建设、运营主体；广州市在广州水投集团成立全资子公司——广州市排水集团，接收接管中心城区排水管网，对污水处理厂进厂水浓度负责，与同为广州水投集团的子公司净水集团（负责污水处理厂）做好协同。另一类是通过建立人员配备充足的排水处，由其对管网等设施统一管理调度，保障设施的高效运行。如，常州市成立排水管理处专门负责排水建管养一体化运行管理，设14个内设机构，覆盖"规建管养""源网厂河"全业务环节的科室部门，配置事业编制190名。按"一厂一策一人、一站一策一人、一河一策一人"的管理单元进行调控管理，具体

运行维护工作委托第三方服务单位对服务范围内的场站、管网进行运行维护。

关于资金保障，一是要明确各类排水设施养护维修工程项目费用标准定额，以便合理确定设施养护维修工程费用，保障排水管网运维经费有据可依。例如，河南、重庆等省市，确定了包括排水管渠铺设、检测、维修、疏挖、清洗和检查井等维修、清淤、安全防护等养护维修工程的工作内容和各项工作的基价，明确了排水管网日常养护定额。广州市根据城市排水管网养护定额以及近年的实际养护成本，每三年核算一次城市排水设施养护综合单价，并按照"综合单价×养护公里数"的方式，计算城市排水设施日常养护费，纳入政府购买污水处理运营服务费中，由市财政足额保障。二是以污水厂进水浓度为关键指标建立绩效考核，由财政统筹每年划定经费用于保障管网运维。要确保投入的资金能切实解决问题，资金拨付与绩效挂钩。广州市将各区污水处理费统一收缴到市级财政，与政府补贴统筹用于全市管网运行维护费用。市级排水主管部门建立市政排水管网设施管理养护经费标准、质量标准、考核办法、付费办法等配套文件，由市级排水主管部门统筹考核各区排水管网养护成效，按效付费，避免市级排水公司与区财政多头对接，有效解决了区级资金难以落实的问题。济南市每年从城市建设综合配套费中列支20%的同时，从土地出让金中安排部分资金用于管网的运行维护。

编写：赵晔

1 广州

1.1 基本情况

为全面落实国家、省关于生态文明建设的总体部署，建设粤港澳大湾区宜居宜业宜游优质生活圈，广州市以落实国家提质增效三年行动方案为契机，统筹兼顾、整体施策，以"系统推进污水收集处理提质增效"为总目标，工程、管理双管齐下，强化"排水户监管、涌边违建拆除、排水监管进小区"源头管控措施，持续开展"洗楼、洗管、洗井、洗河"行动摸清底数，积极推进"城中村截污纳管、排水单元达标建设、合流渠箱清污分流、管网改造修复、新扩建污水厂"等工程补短板，构建"依法监管、一体运维、联调联控、外水管控、智慧排水、共建共享"管理机制，在城市黑臭水体治理和污水处理提质增效等方面取得了良好成效。

截至2021年底，全市城市生活污水集中收集率约91.3%，较2018年的77.4%提高13.9个百分点，城市污水处理厂2021年平均进水BOD_5浓度约115.3mg/L，较2018年104.5mg/L增长10.3%。16个国考、省考断面水质全面达到考核要求，纳入住房城乡建设部监管平台的147条黑臭河涌，以及50条重点整治河涌均已全部消除黑臭，并达到"长制久清"标准。愈发精细高效的排水系统有效提升了城市韧性和承载力，人水和谐的生态广州画卷徐徐展开，为广州实现老城市新活力、"四个出新出彩"提供了有力支撑。

1.1.1 城市概况

广州市地处珠江三角洲中北缘，市域面积7434.4km²，地势东北高、西南低。境内河流水系发达，共有河道1718条，总长5911.47km，水域面积754.6km²，占全市总面积的10.15%。广州属亚热带海洋季风气候区，降雨强度大、时间集中且发生频率高。多年平均降雨量为1857.4mm，雨季为4～10月，雨季降水量一般占年降水量的80%以上，其中5～6月"龙舟水"雨量可达500～600mm。据《广东省第七次全国人口普查公报》，2020年广州市常住人口数量达1867.66万人，城镇化率为86.46%。

1.1.2 污水收集处理设施现状

2021年底，广州市共有城镇公共排水管网33357km，其中市政公共管网23672km（污水管网11482km，雨水管网6365km，合流管网5825km），参照公共排水管网管理的城中村管网9685km（污水管网8439km，雨水管网1246km）。

污水主要通过泵站提升后输送至污水厂处理，现有一级进厂污水泵站74座，总设计规模599.36万m³/d，其他污水通过重力流直接进厂。城镇生活污水处理厂共63座，总规模791.0万m³/d，其中城市生活污水处理厂40座，处理能力722.0万m³/d；小城镇生活污水处理厂23座，处理能力69.0万m³/d。

1.1.3 面临的困难和主要问题

2018年，全市有22家城市污水处理厂平均进水BOD$_5$浓度低于100mg/L，主要原因可分为污水收集处理设施存在短板弱项和维护管理不足等问题（表1-1）。

2018年部分污水处理厂进水BOD$_5$浓度汇总表　　　　表1-1

序号	区域	城市污水处理厂	规模（万m³/d）	2018年进水 BOD$_5$浓度（mg/L）
1	中心城区	沥滘	75	99.77
2		大坦沙	55	79.81
3		西朗	50	96.31
4		石井	30	93.83
5		石井净水	30	48.84
6		京溪	10	65.86
7		竹料	6	85.52
8	黄埔区	九龙一厂	3	67.62
9		黄陂	3	69.3
10	花都区	新华	29.9	81.89
11		狮岭	11.9	61.55
12	番禺区	钟村	8	94.87
13		中部	5.2	64.65
14		大石	14	86.6
15	南沙区	南沙污水	10	53.2
16		小虎岛	0.6	80.17
17	从化区	中心城区	5	86.54
18		太平	2	62.25
19		从化水质	1.6	57.71
20		明珠工业园	1	65.64
21	增城区	永和	15	38.98
22		荔城	10	65.46

1．污水收集处理设施存在短板弱项

（1）城镇污水管网存空白。2018年，排查发现中心城区有141个城中村及65个类同城中村的污水收集设施覆盖不到位，采取环村截污的方式收集污水，污水未实现有效收集。

（2）源头雨污分流不到位。广州将具有相对独立的用地红线或相对独立的排水管网的区域划分为排水单元，建成区内共有2.78万个排水单元，其中部分为合流制，或存在错接混接等问题，未实现雨污分流。

（3）转输管渠系统有短板。经过初步筛查，广州有443条合流渠箱，共设置319座末端截污闸，存在清污不分、雨污不分问题，造成部分山水、河水进入污水系统，降低进厂浓度。此外，排水管渠结构性缺陷比例高，2017年共排查出4.9万处结构性缺陷，平均每公里近2.7处。

（4）污水处理能力不均衡。2018年全市有17座污水处理厂负荷率超过95%，其中有7座超负荷运行，中心城区平均负荷率高达96.3%，污水处理能力比自来水供水量少近100万m^3/d，污水厂长期高负荷运行降低污水系统弹性，不利于污水系统整体的运行调度。

2．维护管理存在不足

（1）管理条块分割。2018年以前，广州市公共排水设施采用的是"市、区、镇（街）多级+雨、污分割"的管理模式，公共排水设施建设和管养主体众多，存在相当数量的管理交叉界面和真空地带，排水设施管养多采用购买社会服务方式开展，管养能力参差不齐、整体水平不高，队伍稳定性差。

（2）工业废水冲击。经不完全统计，全市约有41万m^3/d、平均COD_{Cr}浓度在38.35mg/L左右、平均氨氮浓度在4.29mg/L左右的低浓度工业废水进入污水系统，影响污水处理效能。如，黄埔区永和厂2020年污水处理量为4.43万m^3/d，其中低浓度工业废水约1.19万m^3/d，占比26.86%，导致进厂氨氮浓度降低5.69mg/L，BOD_5浓度降低51.98mg/L。

（3）"政策性外水"干扰。"政策性外水"主要是进入污水系统的混有少量城镇生产或生活污水的天然来水，包括施工降水或基坑排水、游泳池换水或检修泄水、景观水体排水、温泉水排水等，其水质优于污水处理厂出水标准。全市约有14万m^3/d"政策性外水"，主要是施工降水或基坑地下水。

（4）源头管控存漏洞。私接混接等违法违规排水行为普遍存在，特别是用地红线内污水排放无序混乱。全市污水（合流）接驳井氨氮浓度小于10mg/L的排水单元就有677个，存在较严重的外水侵入情况。

1.2　典型做法

广州市以实现国家及省提出的"三消除"及"两提升"为目标，剖析现状污水系统，重点整治外水入侵，补齐污水收集处理设施短板，提升精细化管理水平。

1.2.1　坚持源头治理、系统治理、综合治理

广州市全面开展"四洗"行动，用"绣花"功夫深入开展源头污染的排查治理。

１．开展"四洗"清源行动

（１）"洗楼"——查病症（污染源）、清理外伤。通过"洗楼"对河涌流域范围内的所有建（构）筑物逐户进行地毯式摸查登记（图1-1），查清源头污染，对各类污染源甄别定性、登记造册，通过部门联合执法，实现靶向清除。重点登记合法建筑物的雨水立管、污水立管以及合流水立管（图1-2），并核实化粪池、隔油池等预处理设施，核查排水、排污许可，查清排水行为。

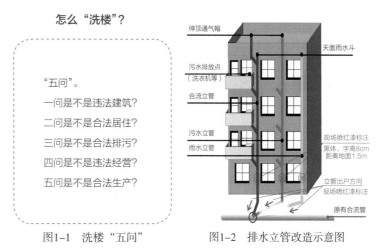

怎么"洗楼"？

"五问"。
一问是不是违法建筑？
二问是不是合法居住？
三问是不是合法排污？
四问是不是违法经营？
五问是不是合法生产？

图1-1　洗楼"五问"　　　　图1-2　排水立管改造示意图

截至2021年，全市累计出动人员99万人次，摸查建筑物172.91万栋，摸查面积7.44亿m²，全面清理整顿6万余个"散乱污"场所，拆除河涌管理范围内违法建设1600多万平方米。

（２）"洗管""洗井"——"照肠镜"，进行"微创手术"。"洗管"是指对排水管网的属性及运行情况进行调查，判别是否存在结构性和功能性缺陷、运行水位高等问题，并对存在的问题进行整改，恢复其正常排水功能。"洗井"是指对排水检查井的属性、接驳状况和淤积情况进行调查，找出存在的错乱接、淤积及排水不畅等问题。截至2021年，全市"洗管"约2.1万km，"洗井"约78万座，有效提升了排水设施运行水平。

"洗管""洗井"过程中对外水的摸查主要按照"污水处理厂—泵站—主管—支管—源头"逐级向上缩小问题区域，量化诊断，追根溯源，找准问题源头（图1-3）。主要摸查步骤如下：

１）收集、核实服务范围内污水提升泵站、排水管网、河道水系等现状情况，形成完整的管网走向分析图。

２）收集污水厂所有泵站的水质浓度数据，与污水厂进水浓度进行对比分析，确定水质浓度较低的泵站，并针对相关管线开展水质水量排查。

３）低浓度泵站，对进入泵站前管网的接驳井，开展水量、水质采样检测，并根据降雨情况、区域用水早晚高峰情况调整检测时间及频次。

４）源头溯源过程中，根据检测点水质浓度、水量、颜色、气味、余氯指标等确定外水类型，包括自来水爆漏、河涌水倒灌、工地水排放、地下水入渗等，通过细化溯源确定问题位置。

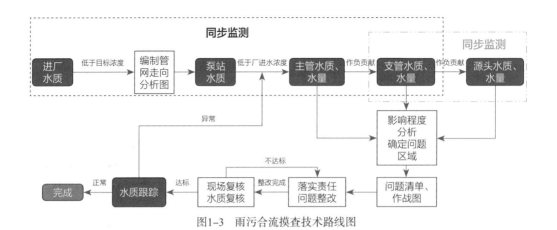

图1-3　雨污合流摸查技术路线图

以越秀区兰湖里社区外水排查为例，通过关键节点的布点监测，锁定低浓度区域，并对排入污水系统的外水采用余氯试纸检测，以及细化溯源，确定区域存在10处自来水爆漏情况。经整改，区域源头污水浓度提升了1倍。

通过持续开展污水系统"挤外水、降水位、提浓度"工作，中心城区自2018年以来累计摸查整改河涌水、工地水、山水、地下水和其他水外水汇入点4278个，累计减少264万m³/d外水进入污水系统。

（3）"洗河"——查排水口。"洗河"是指采用人工、机械等措施，清理河岸、河面以及河底的垃圾和淤泥，使河道整洁有序，同时对河涌沿岸异常排水口进行摸查溯源，排查疑似河涌倒灌口。截至2021年，全市共洗河4209条（次），清理杂物垃圾约17.6万t。2019年10月，芳村片区在洗河过程中，通过调控河涌低水位运行，对区域内90条河涌（含支涌）1899个排水口进行排查，共发现河涌水倒灌口60处。

【案例】猎德污水系统外水排查

猎德污水系统重点针对区域内清污不分问题，梳理判断山水、河涌水、地下水等影响水质浓度的主要外水类型，并排查出外水通过合流渠箱、沿涌排水口、管网缺陷点等进入污水系统的情况，底数清、情况明后对症下药，明确并落实相应的外水治理措施。

（1）流域分析及分区预判

分析系统流域内水文地质、水资源等情况，预判存在的外水类型。

（2）水质水量布点检测

在系统内管网关键节点处布设监测点位，定期人工取样检测COD_{Cr}浓度、氨氮浓度以及水量，并通过对COD_{Cr}浓度低于150mg/L或氨氮浓度低于5mg/L的检测点进行梳理，大致锁定各类外水分布范围，其间共布点300个、测样1200个。

（3）确定外水的主要类型及范围

在初步分析外水类型基础上，依据管网系统的分布特征，分别制定试点区域来摸查对应的外水类型，最终确定外水类型以及进入管网主要途径。

（4）结合"洗管、洗井"确定外水的准确位置

采用QV（管道潜望镜检测）、CCTV（管道闭路电视检测）、声呐等检测工具，结合生活用水规律和外水类型的典型特点，查清管网的外水接入点、功能性缺陷、结构性缺陷、偷接偷排、分流区域雨污混接、排水口错混漏接等问题。

（5）分类明确外水治理措施

针对山水、湖泊、水库等外水，通过清污分流工程或临时设置限流措施解决。针对江水、涌水、地下水、雨水等外水，对排水设施进行改造修复并强化管理。针对政策性外水，根据《关于加强政策性外水排放管理的实施意见（试行）》（穗治水办〔2019〕3号），符合条件的排入自然水体或雨水通道。

2. 强化源头管控，完善监管机制

（1）构建排水户源头监管体系

2020年印发实施《广州市排水户分类分级管理办法》（穗水规字〔2020〕8号），建立"行业分类、接驳分级"的排水户差异化管控体系：按照排水类型，将排水户主要分为12类；再按照排水设施接驳情况，将直接接驳公共排水设施的排水户定义为一级排水户，其他属于二级排水户（图1-4）。以排水户需求为导向，明确各类排水户排水规定及预处理设施的要求，推动排水户精细化管理。

提出"用水户即排水户"的理念，结合智慧排水信息系统及行业管理台账（图1-5），梳理出工业、餐饮、农贸市场等9万多户典型排水户，组织各区镇街每季度开展典型排水户巡检，建立巡查巡检、发现问题、督查交办、整改反馈、现场复核的闭环管理机制，从源头遏制雨污错混接或违法排水行为。目前，全市共发现并整改问题约5.4万宗，整改率89.66%。

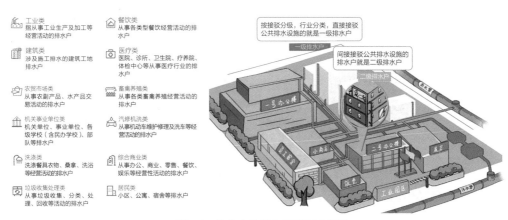

图1-4　排水户分类分级管理示意图

图1-5　智慧排水信息系统

多举措营造舆论氛围。对内利用河长办现有曝光机制，集中反映排水户典型违规排水问题、有关部门履职不到位情况等，以点带面，达到曝光一个、警示一片的效果；对外畅通投诉举报渠道，通过"共筑清水梦"小程序有奖举报，鼓励群众投诉身边的违规排水行为，充分发挥社会力量，逐步引导和规范人的行为，提升市民的环保意识。

（2）依法有序扩大排水许可覆盖面

根据排水户规模、排水量、对排水设施的影响程度等因素，按照"先重点、后一般""先大后小"等原则，依法有序推进工业、建筑、餐饮、医疗等排水户排水许可的核发和管理工作（图1-6）。同时推进减环节、降成本，简化排水许可办理流程，缩减审批承诺时限，降低排水许可准入门槛，提升营商环境优势。

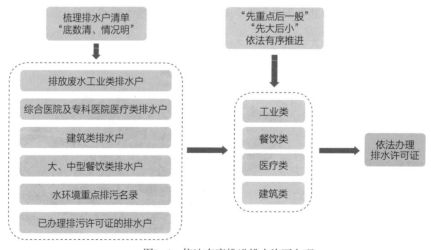

图1-6　依法有序推进排水许可办理

（3）健全市区两级排水户监管机制

广州市场经济繁荣，工业、建筑、餐饮、医疗等排水户基数巨大、更替频繁。站在高效管理和优化营商环境的角度，对排水户的管理开始从"重审轻管"转变为"宽进严管"，以排水许可证后监管为抓手，强化源头污水收集效能。各区水行政主管部门按照重点一类、重点二类和一般排水户3种不同监管频次要求，对辖区内已办理排水许可证的排水户开展证后监督检查；市水务局开展排水许可证后监管监督检查工作，对检查中发现问题需要整改的，交办指导各区督促整改。

【案例】天河区珠吉街排水户管理

珠吉街位于天河区东部，内有城中村，排水户众多，涉及工业、餐饮、汽修机洗、垃圾收集处理、农贸市场等多种类型，大量生活污水、餐饮污水和工业污水等直排到流经该街道的深涌中支涌，导致河涌水质重度黑臭。为在源头上解决污水排放问题，深化细化源头治理工作，珠吉街结合自身实际情况，摸索出一套摸清家底、分片管理、挂图作战、闭环管理的源头监管工作经验（图1-7）。

通过源头治理、综合施策、系统治理，深涌中支涌已在2020年达到"长制久清"，氨氮浓度2.76mg/L，与此同时，该区域的污水提升泵站年平均COD_{Cr}浓度从2019年的204.37mg/L上升到2021年的240.7mg/L，污水收集效能提升显著。

图1-7 珠吉街源头监管工作路线

【案例】荔湾区整治建筑排水户违法排放黄泥水

荔湾区水行政主管部门在排水许可证后监管中发现，某地块项目东南侧私接了排水管，用于排放未经三级沉淀的施工黄泥水，并最终进入东塱涌，造成涌水变黄。荔湾区水行政主管部门立即依法责令当事人停止违法行为，限期改正，并作出罚款5万元整的处罚决定：将施工黄泥水按要求接入沉淀池，经三级沉淀达标后排放至公共排水设施。该项目在接到整改通知后连夜完成了整改。

（4）依法清拆存量涉水违建

涉水违法建设挤占公共空间和河湖生态空间，既造成巡河通道堵塞，也是截污纳管施工及河涌排水口整治工程的"拦路虎"。近年来，广州市积极落实涉水违法建设拆除工作，从江河湖库向边沟边渠、合流渠箱延伸，核实一宗、拆除一宗，为源头截污、源头雨污分流工程创造必要的施工条件。"十三五"以来，全市共拆除涉水违建面积1600多万平米。

【案例】海珠区南箕涌

南箕涌位于广州市海珠区西南部，河长0.34km，河宽约8m。随着流域内工业发展和人口快速增长，违法建设问题尤为突出，影响河道贯通的房屋共计32户、面积5199.28m²。河涌沿线生产生活污水乱排，南箕涌水质日渐黑臭。

图1-8 南箕涌拆违前后对比图

为破解征拆难题，海珠区实施"谈妥一家、决策一家、施工一家、验收一家"的策略：将影响贯通的房屋原有部分拆除，等同面积就近转移到居民产权范围内进行复建，彻底消除了居民对改造补偿面积的忧虑，最终用不超过500万元完成了拆迁费用估价1.98亿元的南箕涌贯通工作（图1-8），实现了居民权益和环境提升"双赢"局面。

此外，在南箕涌及南箕涌渠箱流域累计新建污水管8.19km，将原排入河涌的污水全部收集到市政污水管网，从源头解决老百姓房前屋后的排污问题，昔日的黑臭河涌也重新焕发了生机和活力，群众获得感大幅提升（图1-9）。

图1-9 南箕涌边村民自书"鸟语花香"的横幅

3．评估生产废水，探索退出机制

积极探索生产废水评估退出机制，2021年印发《广州市已接入城镇污水管网的工业企业生产废水评估管理工作指引（试行）》（穗水排水〔2021〕8号），重点对进出水水质有波动、运行不稳定的城镇生活污水处理厂服务范围内的工业企业，和近一年内因超标排放受到处罚的工业企业及工业密集区域实施评估。经排查，全市城镇污水管网覆盖范围内工业企业共11799个，结合排污许可证和排水许可证核发、日常监管、行政处罚情况等，建立重点范围内已接入城镇污水管网的工业企业清单，并对清单中排入市政管网的废水水量、水质情况进行评估，整改不符合排放标准的工业企业。

工业废水清退工作困难重重。一是与当前的治水形势相冲突。广州市积极推进国省考断面稳定达标、147条黑臭水体"长制久清"及消除劣Ⅴ类一级支流等工作，若允许工业废水排入自然水体，将会增加河涌和断面的环境容量，对河涌及断面水质达标带来风险。二是变更环境影响评价难以实施。若工业废水改变排放途径到自然水体，会增加企业的负担，同时环评技术单位难以承担直排自然水体带来的风险。

4．明确排放原则，分类整治"政策性外水"

2019年，广州市印发《加强政策性外水排放管理的实施意见（试行）的通知》（穗治水办〔2019〕3号），明确了政策性外水的排放原则，并进行分类规范整治。

（1）划定的水域保护区范围。根据《中华人民共和国水污染防治法》《地表水环境质量标准》GB 3838—2002等相关规定，水域环境功能分区Ⅰ、Ⅱ类水域及Ⅲ类水域中划定的保护区范围禁止新建、改建、扩建排放污染物的建设项目，已建成的排放污染物的建设项目，应责令拆除或者关闭。除天然来水外，水域保护区范围涉及的其余政策性外水排放的规范性整治问题按照上述规定执行。

（2）其他水域范围。一是雨污分流区域，将政策性外水接入雨水管网（自然水体）。二是合流制区域。施工降水或基坑排水通过增建临时"小蓝管"排入自然水体；除基坑水以外的其他政策性外水，在自然水体100m范围内的，可根据实际情况，通过新建部分雨水管网，接入自然水体；距离自然水体较远的，可结合排水单元达标创建工作有序实施规范性整治，达标排放至自然水体。广州市某开发区域，内有30余个在建工地或建成楼盘，地块排水接入周边污水管网，导致约2万m³/d施工排水进入污水系统。通过抽排设备降低管网运行水位，摸查整改错混接及违规排水点，恢复渠箱雨水通道，实现了在建工地施工排水及雨水直排天然水体。

1.2.2 构建源头收纳、过程转输、末端处理的工程体系

推进城中村截污纳管、排水单元达标建设、合流渠箱清污分流改造、公共管网完善、雨污水管道接驳处的错混接改造、公共排水管网完善和修复、污水处理厂建设等工作（图1-10）。

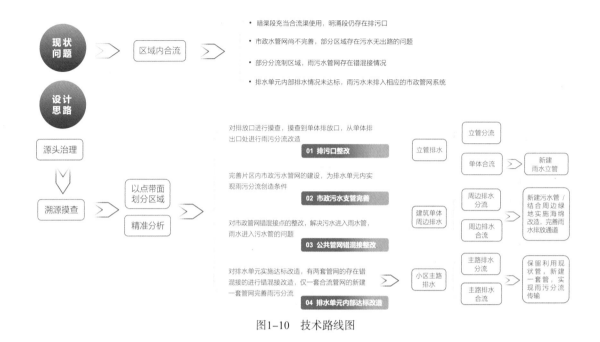

图1-10 技术路线图

1．建设城中村截污纳管，补齐源头设施空白

广州市存在大量城中村，区域内人口密集，污水管网不完善，城中村污水直排是黑臭河涌的"顽疾"。改变以往"绕村截污"的方式，按照"应收尽收、不留死角"的原则，以村为单位，采取进村入户的方式收集处理污水，作为消除污水收集处理设施空白区的关键举措。

广州市前后共分四批实施206个城中村的截污纳管工程，基本消除城区污水收集处理设施空白区。原则上现状排水设施保留作为雨水设施，新建污水收集设施接驳各建筑物的污染源（包括厕所、厨房等），收集每家每户的生活污水，接入市政管网转输进入污水厂处理，城中村生活污水不再直排河涌，河涌水环境得到有效改善，污水收集率得到有效提升。

2．实施排水单元达标建设，实现源头雨污分流

广州市于2019年9月起先后印发《广州市总河长令（第4号）》《广州市全面攻坚排水单元达标工作方案》等，以实现管网联户进厂、污水收集全覆盖为目标，开展"排水单元达标"攻坚工作。按照雨污分流原则，推进属地内机关事业单位（含学校）、商业企业、住宅小区、部队、各类园区完成排水单元达标建设，让雨水、污水各行其道，完善排水单元设施日常管养长效机制，从源头实现雨污分流。

工作目标为：2020年底前，排水单元达标比例达到60%；2022年底前达到80%，力争达到85%；2024年底前，建成区雨污分流率达到90%以上。截至2021年底，建成区已完成达标认定排水单元面积为644km²，达标比例为84.83%。

【案例】某日用化学品企业排水单元达标案例

某日用化学品企业园区内存在生活用水、生产废水及不参与生产使用的清水等多种排水排放情况。排水单元创建过程中发现雨水管道存在污水混接情况，同时污水管道存在清水（浓度：COD10mg/L，氨氮0mg/L）接入情况（图1-11）。

解决措施：由于涉及改造立管为暗接，排查存在一定困难，通过使用染色剂等方法排查确定问题，并通过开展雨水管污水排出水单元改造后，单元内雨水、污水各行其道。

雨水管污水排出　　　　　　　　染色剂排查　　　　　　　　立管分流改造

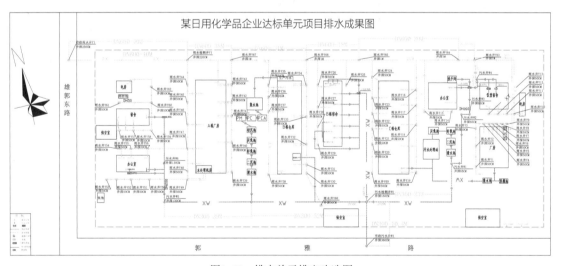

图1-11　排水单元排查改造图

【案例】北降涌流域排水单元达标创建试点工程

北降涌位于广州市海珠区西部，邻近珠江后航道，长1.5km，流域面积约219.77hm²。流域内一些区域采取大截排的截污模式，雨季管渠内沉积污染物和污水会随着开闸而排入北降涌，严重污染北降涌和珠江，同时截流进入污水管道的雨水量较大，使污水浓度降低。

为解决以上问题，北降涌流域实施排水单元达标建设，累计整改排口34处，新建雨、污水管网约29km，对104个排水单元进行达标改造。完工后，北降涌流域有效截流0.34万m³/d的污水进入明涌、暗渠，水环境显著提升，消除了水体黑臭；同时，恢复暗渠排雨水功能，解决了历史水浸点，实现污涝同治，如今北降涌"闸常开、水常清、岸常绿"。

3．实施合流渠箱改造，推进转输清污分流

由于历史原因，广州形成了一批合流渠箱。为解决合流渠箱雨天造成内涝、开闸溢流污染环境、低浓度外水进入污水厂等问题，2020年广州签发《广州市总河长令（第9号）》，全力推进全市443条合流渠箱清污分流改造。

通过合流渠箱沿线建设截污纳管，拆除截污堰或闸等方式举措，结合排水单元达标建设工作，实现"污水入厂、清水入河"。一是解决雨天污水溢流污染河涌问题。二是缓解渠箱关闸导致的城市内涝问题。三是减少雨水、河涌水、山水通过合流渠箱进入污水处理厂，实现提质增效。2021年底，全市累计200条合流渠箱达到清污分流效果，实现"打开截污闸"的目标。

【案例】海珠区涌尾涌合流渠箱清污分流工程

涌尾涌位于海珠区，是海珠涌的10条支流之一，现已覆盖为暗渠。涌尾涌渠箱长度约为1.6km。渠箱末端设置了4座拍门，将污水和雨水一并截流入管网进厂处理。

本工程建设污水管约10km，错混接整改约237处，渠箱内原有排口溯源改造约245个，已完成51个排水单元达标建设，实现流域内的雨污分流，渠箱"开闸"。

清污分流完成后，雨水、污水各行其道，旱季污水全收集、全处理，雨季雨水可快速排入河涌，减少约3000m³污水积存在渠箱内，解决污水溢流污染河涌的"老大难"问题，从而使污水系统管网泵站和处理厂的运行效率得到提高，提高了管网污水浓度。

4．建设修复污水管网，提升污水转输能力

（1）建设完善主干管

广州市部分污水系统管网建设年限长，原设计规模已无法满足运行需求，特别是主干管因埋设深建设难度大，整体运行满管率高，增加了内涝和溢流风险。"十三五"期间，广州市全力以赴解决"硬骨头"，共建设污水主干管网246.86km，基本解决了主干管转输能力不足问题。

（2）实施管网病害修复

全面推进错混接、淤塞、塌陷、错位、外水渗入等排水管网隐患修复工作，对已基本丧失功

能的"僵尸"管网、"断头"管网，通过大中修及更新改造等方式进行彻底修复。考虑管网上方交通繁忙、污水管网无法长期停运等因素，采取CIPP翻转法、短管内衬、喷涂法等管网非开挖修复手段，实现高效修复。2019～2021年，广州市开展地下排水管线隐患排查修复专项工作，共完成结构性隐患整治51616处。

【案例】沥滘系统广州大道、环岛路主干管建设

沥滘系统受南洲路主干管的过流能力、厂站抽升能力限制，管网长期处于高水位运行状态，汛期满管率尤其高。广州市推进广州大道东侧干管3km、环岛路泵站（60万m³/d）及配套环岛路主干管12.5km、广州大桥5号泵站扩容（5.4万m³/d）等工程项目，分流现状南洲路主干管运行压力，降低沥滘系统管网运行水位。

项目完成后，沥滘系统管网运行水位明显下降。广州大桥5号泵站抽升量增加约1万m³/d，泵站运行平均水位下降约1.3m，泵站上游管网水位下降约1.5m；广州大道西侧污水管水位下降1.6m；南

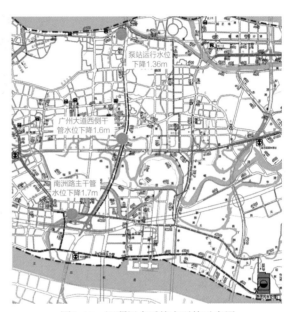

图1-12 沥滘污水系统主干管示意图

洲路主干管运行水位下降约1.7m（图1-12）；沥滘系统年均进水BOD$_5$浓度从2018年的93.7mg/L上升至2021年的112.0mg/L，上升约28.03%。

5. 建设污水处理厂，提升末端处理能力

2019～2021年，全市累计新（扩）建大观净水厂等23座污水处理项目，新增污水处理能力221万m³/d，其中地埋式（半地埋式）污水处理厂就有13座，总处理规模达到181万m³/d，补齐污水处理产能缺口。广州全面梳理现状污水厂运行状况，统筹各片区污水收集处理负荷，推进污水厂间的互联互通，缓解污水厂超负荷或负荷过低的问题。

广州市在全国首创的地埋式污水厂，为城市创造了可持续发展的弹性空间，打通了生态优势与经济优势的转换通道，释放了生态红利、环境红利、发展红利，成为污染防治的"利剑"和绿色水务的催化器，为城市注入了绿色发展的新活力。

【案例】石井净水厂使"邻避"变"邻利"

石井净水厂（图1-13）是广州市第二座全地埋式污水处理厂，项目占地面积约14.68hm²，服务范围为大坦沙系统中新市涌、白云一线以北地区，服务面积约45km²，服务人口约111.12万人，建设总规模为30万m³/d。

图1-13　石井净水厂全景

（1）全地埋式设计，创造生态福祉。该厂选址于白云区石槎路闹市旁，创新用地模式，采用全地埋的设计理念，将主要污水处理设施转移到平均17m深的地下空间，地面建成大型园林景观公园，绿化率达到50%以上，提升了周边土地的使用价值，得到周边居民认可支持。同时建设工期短，二期工程仅用15个月的安全极限工期完成常规30个月的建设量，在建设过程中实现"四个零"，即周边居民的零投诉、零上访、零建设阻挠、零负面舆情。

（2）运用先进工艺，实施尾水回用。石井净水厂采用先进的改良A²/O污水处理工艺+高效沉淀池/V形滤池工艺，一期出水指标达到《城镇污水处理厂污染物排放标准》GB 18918—2002一级A标准，二期出水达到国家一级A和地表V类水标准。2021年平均出水COD、氨氮浓度分别为8.68mg/L和0.14mg/L，远优于排放标准。同时将尾水用于地面景观用水和石井河生态补水，实现了出水100%的资源性回用。

（3）采用先进设备，提升空气质量。石井净水厂建立了严密的加盖/密闭除臭装置的防控体系，依托高效的生物除臭装置进行臭气处理，再经由地面30m高的"高空排放塔"达标排放，有效控制污水处理过程中产生的臭气，减少对周边环境空气质量的影响。

1.2.3　打造责任清晰、智能精细、专业高效的管理体系

1."法制化"，明确排水建设管理工作机制

随着城市的发展，存在排水设施建设与运营管理脱节，政策性外水未规范性管理等问题，为有效解决上述问题，进一步提升总结广州市治水成果和建设管理经验，广州市出台了《广州市排水条例》（以下简称《条例》），于2022年3月1日起施行。《条例》以提质增效为重点，促进排水与污水处理全覆盖、全收集、全处理。

（1）明确排水设施建设管理要求。《条例》规定雨污分流作为排水设施建设的原则。已建成

实行雨污合流的区域，按排水规划及相关要求进行雨污分流改造；新建区域实行雨污分流。新、改、扩建项目落实海绵城市建设和防洪排涝相关要求，削减雨水径流，控制雨水进入污水管网。

（2）明确政策性外水管理机制。《条例》规定政策性外水的排放方式，工地内的雨水或地下水、工业生产产生的空调冷凝水、游泳池换水或检修泄水、景观水体出水、温泉池排水可以达标排放至雨水管网或自然水体，以减少政策性外水进入污水系统。

2."专业化"，实施"厂—网—河"一体化管理

（1）"组建排水公司"。为解决管理条块分割问题，2018年8月成立广州市城市排水有限公司（以下简称市排水公司），负责中心城区公共排水管网运营管理，全面接管中心城区公共排水设施，推进公共排水设施一体化管理。到2021年，市排水公司累计接收排水管网14804km，接管泵站、闸门386座，在中心城区分散建设了12个应急抢险基地，基本实现中心城区公共排水设施从多头管理到排水"一张网"管理的重大转变。外围的黄埔、花都、番禺、南沙、从化、增城6个区参照中心城区做法，相应组建区属排水公司。

市排水公司在设施运维方面创新片区化管理模式，将排水系统划分为若干片区，分片管理考核，网格到人，责任到人，实现"系统管理化整为零、片区问题系统分析、专项工作高效开展"的精细化管理目标（图1-14、图1-15），构建了长效管理机制。通过组建专业的排水运维公司，由专业的人干专业的事，并通过滚动式治理管网缺陷，使无效管网变有效、低效管网变高效，社会效益与经济效益显著。

市排水公司成立以来，累计巡查管网超35万km、清疏管网超5万km、更换井盖近5万个、修复10130个排水管网结构性缺陷，有效提升中心城区排水管网运行效能。

（2）"加强源头监管"。为落实源头管控措施，进一步强化细化排水户管理工作，广州市将排水监管的触角深入住宅小区，逐步引导带动全社会规范排水行为，形成全民共治良好格局。

1）印发实施《关于加强小区排水设施管理工作的实施意见》（穗治水办〔2021〕1号），明确暂未实行物业管理单位或业主委员会管理的老旧小区，由各区政府牵头，属地镇街具体负责，组织落实共用排水设施的管理，补齐排水"最后一公里"管理空白。全面开展小区接驳井挂接、监

图1-14　中心城区养护应急抢险基地

图1-15　养护人员勘查管网运行情况

图1-16 接驳井水质水量监测

测工作（图1-16），优先摸查全市3396个有物业管理的小区，成功推动排水设施专业化监管从市政公共区域延伸至住宅小区内部。

2）发挥专业人干专业事的优势。由排水公司进入住宅小区内部，从接驳井入手，对小区内部排水设施运行及排水情况进行"体检"，并对接驳井堵塞、淤积，错混接以及污水冒溢等重点问题开展溯源排查，找出症结，开出"药方"。

3）压实河长责任跨部门协调治理。以河长制为抓手，整合住建、城管、生态环境等部门和各区属地力量，以"河长吹哨、部门报到"的形式，实现部门分工协作、镇街具体负责、各方共同参与，及时疏通解决小区排水管理"堵点""痛点"，从源头整治各类错混接以及低浓度外水。

（3）"厂—网—河"联调联控。为进一步统筹水安全保障和水环境治理工作，广州市践行精细化管理理念，完善厂、网、河联调联控工作机制，最大限度降低排水管网和河涌运行水位。

1）降水位、查排口、修管网。广州市河涌沿线有大量涌边截污管、过河管、排水口及拍门、闸门等，河涌水位较高时倒灌风险大。通过理顺河涌高程、建设调度涌口闸泵，将河涌水深控制在0.3～0.5m之间，暴露隐藏在水面下的排水口并进行溯源整改，将原来直排河涌的污水收集转输至污水处理厂，再结合管网检测修复，提升污水系统密闭性，最终实现河水、污水各行其道、互不干扰。

2）建台账、做测试、收污水。摸清污水主干管、干管满管段情况，制定厂网联调联控作战图，通过计算区域污水产生量、管网转输量、污水厂处理量等，测算合流渠箱污水积存量，优化厂—泵—网调度管理，调度不同系统间水量，深入挖掘现有排水设施潜能，降低污水厂、污水泵站水位，加快管渠流速，减少污水积存，提升污水收集率。以白云区为例，共对12条未完成分流的渠箱开展联调联控试验，其中有4条渠箱能够实现晴天"日排日清"，不积存污水。

3）保安全、防溢流、开好闸。统筹考虑片区内涝风险和污染溢流影响，按"开闸看水位、关闸看水质"的工作思路，结合暴雨预警、区域积水及渠箱内水位水质情况等确定了全市233座不常开截污闸的启闭条件，并建立相关部门联动调度机制，精准化开展合流渠箱截污闸调度运行。

【案例】马涌1号泵站联调联控

马涌1号泵站属沥滘污水系统，污水收集范围约542.18hm²，区域产生污水量约14.18万m³/d，泵站收水范围内有居士地渠箱、瑶头涌渠箱等5条渠箱未开闸，各合流渠箱日常运行平均水深约为渠箱高度的70%，氨氮浓度约20mg/L，暴雨时为确保水安全，开闸后约有1.3万m³积存污水溢流，存在较大水环境风险。

为降低渠箱日常运行水位，开展了马涌1号泵站片区合流渠箱联调联控试验，将马涌1号泵站前水位降低至2m（广州城建标高），收水范围内5条合流渠箱中有2条可以基本抽干，另外3条仅剩0.2m积水，可减少约1.15万m³积存污水，基本达到"日排日清"效果，雨季开闸后基本不产生溢流污染。

3."系统化"，"一厂一策"统筹施策

针对全市63座污水处理厂，尤其是重点实施的38座污水处理厂，逐个编制"一厂一策"提质增效方案，重点推进强化排水户源头管控、排水设施精细化管理、建设改造污水收集处理设施3方面工作。为确保整治措施科学有效，广州市邀请行业专家为提质增效工作出谋划策，逐个排查分析污水处理厂基本情况，出台指导意见，深化细化"一厂一策"方案。

【案例】大坦沙厂"一厂一策"方案

大坦沙污水处理厂是按广州市制定的全市污水治理总体规划建成的第一座大型城市污水处理厂，位于广州市荔湾区，总设计处理能力55万m³/d，服务范围含荔湾、越秀区和白云区，面积达56.7km²、人口约116万人。针对污水厂进水量不断增长、进厂浓度不断下降、效能较低等问题，编制了《大坦沙污水处理厂提质增效"一厂一策"方案》。该方案对系统合流制排水体制、末端截污，合流渠箱运行水位高、流速慢以及因单一排水通道造成山湖水、工地水排入等问题，提出实施源头排水单元达标创建、渠箱

清污分流工程，结合现有老旧管网清淤、检测、修复，实现"清水入河，污水入厂"的目标，提升了污水系统运行效能，改善了河涌水质。

（1）系统分析

系统梳理污水收集处理全过程、全要素资料数据，量化分析系统山湖水、工地基坑水、自来水漏水、地下水渗入对系统运行效能的影响，通过管网全面摸查梳理管网运行水位、水流速度、错混接、结构性缺陷、功能性缺陷等，剖析系统运行的各类问题，分类精准施策，确定整治技术路线。

（2）组织实施

据摸查，发现系统长期运行水位偏高且水流速度较慢，污水在管网内沉淀并产生厌氧反应使污染物消解，同时因合流制系统沿线存在越秀山山水、流花湖湖水、自来水爆漏后进管造成进厂浓度偏低。通过多部门联动调控河涌、污水厂、泵站、管网、自来水等，降低管网低水位运行，并逐一清淤、修复管网缺陷，自2018年8月以来，共发现并整治外水762处，经初步估算减少外水量约34.53万m^3/d，提质增效效果显著。

（3）实施成效

方案实施以来，大坦沙进水BOD_5浓度由2019年的69.17mg/L提升至2022年的96.56mg/L。系统范围涉及两个省考断面，其中，石井河断面年平均氨氮浓度由5.78mg/L下降至0.18mg/L，水质上升两个类别，达到Ⅳ类；东朗断面年平均氨氮浓度从2.34mg/L下降至0.41mg/L，水质上升三个类别，达到Ⅲ类。

4."精细化"，建设排水智能化管理平台

广州市利用新一代信息技术，开发建设应用排水信息化管理平台，推进城市排水全流程、系统化、统一化管理。

（1）实现排水设施"一张图"。将与排水相关的9.4万个排水户、3.3万个排水单元、139万个检查井、3万多公里排水管网、53.2万个排放口、63座污水厂等设施信息整合纳入城市地理信息系统，在关键环节布设1200多个在线监测设备，实时监测水位、水量、水质等参数。建设智慧排水平台，形成智慧排水的"大脑中枢"，统筹监管排水设施的运行情况。

（2）实现数据动态更新。依托市、区两级排水主管部门和排水公司力量，开发应用APP对设施进行日常巡检，及时修正完善"管网运行图"，通过专业修补测方式进行数据更新，实现数据的动态更新和维护。目前，市排水公司现场作业基本实现人员手持终端全覆盖，作业内容全部上线管理。2021年，市排水公司完成1000多公里的管线补测工作，持续保障排水设施基础数据的现势性。

（3）实现病害动态治理。结合智慧平台对排水系统水质、水位异常情况的预警预判，按照"平台初判—降低河涌水位—漏出排口—人员溯源查找病害—录入平台确认—交办责任单位—平

台办结"的步骤,实现管网病害治理从"人工筛查"到"智能定位"。2021年,市排水公司发现并完成病害治理500多处、挤出"外水"量30万m³/d以上(现场外水点位瞬时流量累加计算所得),中心城区满管率较2020年下降20%,保障排水设施高效稳定运行。

(4)实现排水科学调度。广州市建立了政府数据资源共享机制,打通智慧排水与城管云平台的数据壁垒,依托城管云平台11万路视频资源,对城市防内涝重点区域及排水设施运行进行实时图像监控。建立健全防暴雨内涝应急预案制度,严格落实河涌低水位、管网预腾空工作,保障城市排水通畅。2021年汛期,全市共出动抢险人员3.1万余人次,抢险设备(抽水泵)8200多台次,大型排水车416台次,及时消除积水,保障城市安全运行。2021年中心城区市民内涝投诉数量较2020年同比下降37%,群众的安全感逐步提高。

【案例】"管养通"在提质增效工作中的具体应用

开发应用"管养通"平台,借助GIS平台和管网液位、水质、雨量等监测设备和人工检测,辅助定位低浓度区域,进一步推动提质增效工作的开展。

(1)基于提质增效作战图,科学制定工作方案。在排水设施"一张图"的基础上,系统梳理区域内排水设施现状,对管网排向、管网混错接等进行分析,为排水管网隐患修复提供科学数据。制作提质增效专题图,记录片区和管网关键点的水质分析数据,跟踪中心城区提质增效工作成效,便于制定"一厂一策"系统化整治方案。

(2)基于在线物联感知,掌握管网负荷状况。提质增效排外水工作的难点,在于掌握污水管线何时、何地进入了外水,是否有足够空间收纳污水。"管养通"利用在线监测设备,结合大数据分析手段,挖掘水位、降雨、潮位和水质等监测数据的关联。根据各污水系统历史水质变化规律并结合关键节点水质抽样数据,从污水系统—片区—街道逐层深入,精准排查外水,实现厂网提质增效。

(3)基于排水单元管理,助力源头减污治污。将中心城区2万余个排水单元与GIS图融合,线上备案排水单元内部管网图。同时,"管养通"规范了单元监管指引及上报内容,工作成果通过结构化数据精准呈现,解放统计整理人力,监管发现问题可一键上报至市河长APP,实现排水单元"发现问题—上报问题—交办问题—反馈结果"的全闭环监管。

5. 完善资金保障机制,确保工作有序推进

(1)实施特许经营。广州市成立城市排水有限公司,将中心六区公共排水设施以特许经营方式交由市水投集团管理,市排水公司具体执行,采用"使用者付费+可行性缺口政府付费"方式,由市、区两级按比例出资。中心城区排水管网大中修费用纳入特许经营费中,其中污水管网

大中修费用由市财政出资，雨水及合流管网大中修费用按市、区两级财政分担。将各区污水处理费统一收缴到市级财政，与政府补贴统筹用于管网运行维护费用，避免市排水公司与区财政多头对接，有效解决区级资金难以落实的问题。

（2）出台专项方案。广州市水务局、生态环境局、发展改革委联合印发了《广州市城镇污水处理提质增效三年行动方案》（穗水排水〔2020〕16号），将重点项目工程列入行动方案，保障资金投入，由市、区两级投资，包括合流渠箱清污分流工程、支涌清污分流工程、管网完善工程及城中村治理工程等项目。建立财政主导、社会资金参与的多渠道筹措机制，实现投资主体多元化。排水户红线范围内的设施摸查、整改、养护资金原则上由排水户自行出资，其中整改资金由各区财政负责兜底。市、区排水公司对排水户红线范围内的设施运行养护情况抽检费用由财政出资。

6. 广泛发动社会力量，推动共建共治共享

人民群众是污水处理提质增效的最终检阅者，更是城市污水治理的主力军。广州市坚持践行"开门治水，人人参与"理念，引导广大人民群众参与城镇污水处理提质增效工作，积极开展治水进校园，引导青少年学生积极投入到保护环境、珍惜生态的社会实践中，印发实施违法排水行为有奖举报办法，鼓励群众积极举报违法排水，形成政府主导、社会协同、公众参与的"共建共治共享"治水新格局。

（1）充分发动志愿力量。目前，广州在册的志愿者达360万人，为了发动志愿者参与到治水中来，广州市河长办联合团市委共同发起了"一起来巡河，共筑清水梦"志愿活动。发布首批11条"河小青"志愿巡河最美路线，充分利用碧道的优美水陆空间，把巡河和户外徒步相结合，吸引了大量志愿者参与治水。发动涌边志愿驿站和社区志愿服务队，定期在"i志愿"平台发布志愿治水活动。黄埔区乌涌志愿服务队坚持每周巡河，成立两年多以来，已开展60余场河涌治理活动以及5场大型社区户外宣传体验活动，共吸引了约600名社区居民、学生、企业志愿者，服务超过3500人次。

（2）开展治水校园互动。广州市河长办联合市教育局、市团校、汇龙小学录制了中小学生生态文明思想和志愿治水网络课堂，设置了"认识志愿服务""河长+了，你加不加？"等生动易懂的科教课程，将志愿活动与校园治水研学活动结合在一起，并向全市中小学生介绍分享。经统计，治水网课在寒假期间通过市教育局网络教学平台点播，播放量达6万余次。生动有趣的科教形式，既强化了中小学生的生态文明意识，引导其树立生态文明理念，也为他们参与志愿治水活动提供了平台和指导。

（3）鼓励群众积极举报。印发《广州市违法排水行为有奖举报办法》（穗水规字〔2020〕2号），开发"违法排水行为有奖举报系统""广州治水投诉"微信公众号，设置了违法排水行为举报的"百万大奖"和一般问题的"随手拍"红包奖励。群众上报的投诉举报问题悉数纳入河长管理信息系统进行流转办结，群众在微信端能够看到自己投诉的问题经过审核、转办、办理、

办结的全周期过程，对公众参与治水赋能赋权，充分调动了公众参与的积极性。两年间，共受理市民"随手拍"投诉1.5万余宗，累计发放奖励红包6246个共计5万余元；微信公众号收到举报线索9937宗，查获违法排水行为4123宗，发放奖金超143万元。

1.3　取得的成效

2019年以来，广州市按照住房城乡建设部、生态环境部等部门联合制定的《城镇污水处理提质增效三年行动方案（2019—2021年）》的部署，系统推进提质增效见实见效：抓源头，强力整治污染源，实现源头减污减量；补短板，着力推进污水厂网建设，提高污水收集处理效能；保生态，实施生态补水、降水位等低碳生态治理举措，修复城市水生态；强机制，组建排水公司，深化河长制，完善治水管水体制。截至2021年底，提质增效工作目标已基本实现。

1.3.1　污水减排效益大幅提升

基本实现了国家及省提质增效方案提出的"三消除"目标（基本消除生活污水直排口、基本消除污水设施空白区、基本消除黑臭水体），生活污水集中收集效能正在稳步提升。

１."三消除"完成情况

（1）生活污水直排口方面。2019年以来，广州市围绕广东省1号总河长令的"清污"工作要求，对2014个存量入河排污口进行整治，现已全部整治销号。

（2）污水设施空白区消除方面。目前，广州市运行污水处理厂63座，污水处理能力提升至791万m^3/d，较2018年底增长221万m^3/d；全市城镇排水管网共33357km（不含农村污水管网），已基本补齐城中村、老旧城区和城乡接合部的生活污水收集处理设施空白区。

（3）黑臭水体方面。广州市纳入住房城乡建设部监管平台的147条黑臭河涌，以及50条重点整治河涌均已全部消除黑臭，并达到"长制久清"标准，建成区黑臭水体消除比例达到100%。

２."两提升"完成情况

（1）城市生活污水集中收集率方面。截至2021年底，广州市城市生活污水集中收集率约91.3%，位居全省前列，较2018年的77.4%提高13.9个百分点（图1-17）。

（2）污水处理厂进水BOD_5浓度方面。城市污水处理厂2021年平均进水BOD_5浓度约为115.3mg/L，较2018年104.5mg/L增长10.3%（图1-18）。2018年进水BOD_5浓度低于100mg/L的22座城市生活污水处理厂，2021年进水

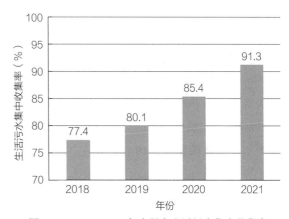

图1-17　2018～2021年广州市生活污水集中收集率

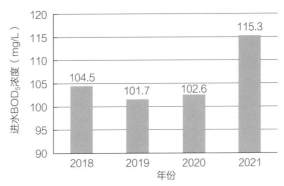

图1-18 2018～2021年广州市城市污水处理厂年平均
进水BOD₅浓度

BOD₅浓度较2018年增加了24.15%，2021年较2018年增长幅度达20%以上的有13座。

1.3.2 城市河湖生态持续改善

（1）城市水生态系统性恢复。清水绿岸景色随处可见，经过整治，全市河湖面貌焕然一新，车陂涌、欧阳支涌、沙河涌等河涌再现"水清岸绿、鱼翔浅底、水草丰美、白鹭成群"的美景。根据广东省科学院动物研究所监测，与2010年相比，广州市中心白鹭的分布范围大约扩大2～3倍，数量大约增加3～5倍，过去大学城的白鹭不到20只，如今已有300～500只（图1-19）。

图1-19 一群白鹭飞越珠江水面

（2）国考、省考断面全面达标。16个国考、省考断面水质2021年全面达到考核要求，地表水水质优良断面比例81.3%，同比提升4.4个百分点，劣Ⅴ类水体断面比例保持为0。如鸦岗国考断面由2018年的劣Ⅴ类水提升到Ⅳ类水质，石井河口省考断面由过去氨氮超过20mg/L的"黑臭酱油河"成功提升到地表Ⅳ类水质，效果显著。10个城市集中式饮用水水源地水质100%稳定达标。8条入海河流断面水质均为优良，近岸海域水质稳中趋好（图1-20）。

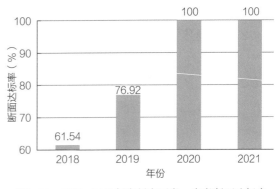

图1-20 2018～2021年广州市国考、省考断面达标率

1.3.3　居民认同感大幅提升

2019年5月，据广州市统计局民调显示，广州市民认为工作成效最为显著的是黑臭河涌治理，位列"建设花城成效显著各项工作"的第一位。2021年11月，广州市统计局对全市11个区2095位居民调查显示，在城市更新九项重点工作中，市民对黑臭水体治理工作成效认可度最高。

1.4　经验总结

1.4.1　以习近平生态文明思想为指引，统筹推进工作

广州市始终以习近平生态文明思想为指引，立足"三新一高"工作要求，坚持治水为了人民、治水依靠人民，完善顶层设计，建立以改善生态环境质量为核心的目标责任体系，由原来的"多头管理"变为由全市统领统管，形成"河长领治、上下同治、部门联治、水陆共治"的工作局面。特别是按照源头治理、系统治理、综合治理思路，党政上下一条心，保障人、财、物，不断加大社会参与度，构建并深化了"共建共治共享"的治水新格局。基本实现国家及省提质增效方案提出的"三消除""两提升"目标，全市水生态环境得以根本好转，形成了"两山"理念的广州窗口、广州实践，为推进实现老城市新活力、"四个出新出彩"提供了有力支撑。

1.4.2　以顺应自然为理念，有效降低成本

广州市深入贯彻尊重自然、顺应自然、保护自然的理念，统筹考虑河涌水系、污水系统、供水系统及农业灌溉系统之间的动态影响，充分利用自然规律和自然力量，低成本、可持续推动提质增效工作。如降低管网运行水位是提高厂网效率的基础，也是提质增效的关键，而河网区域污水系统通过降低河涌水位，能够低成本、快速地降低管网运行水位。再如，通过检测、溯源、修复、小改造等工作，充分发挥原有排水设施的效能，可有效避免大拆大建、重复建设、无效建设等情况，花小钱、办大事，实现生态效益、经济效益和社会效益的统一。

1.4.3　以工程建设为重点，补齐设施短板

广州市瞄准污水收集处理设施空白区等"硬骨头"，从城中村截污纳管、渠箱清污分流等关键性难点开始整治，加快补齐城镇污水收集和处理设施短板。在此基础上，向源头排水户内部达标单元创建纵深发展，补齐城镇污水从源头到末端收集和处理设施短板。工程建设无法一蹴而就，可在摸清外水来源后，充分利用现有排水设施，先打通清水通道，将大股的外水接入自然水体，提升旱季污水浓度，然后再实施系统性的雨污分流建设或改造工程，循序渐进减少雨水对污水系统的冲击和影响。

1.4.4 以机制建设为抓手，长效保障成效

经过多年的治水工程建设，设施短板已基本补齐后，要避免"重工程轻管理"的理念，更加注重向管理要效益。一是组建排水公司，让专业的人做专业的事，实现了公共排水设施一体化管理、统一养护定额、统一养护标准，确保设施运营管理的全覆盖，排水系统养护质量得到了极大提高。二是排水监管进单元，强化排水源头管控。有别于由政府负责养护的"大包大揽"，排水单元的日常管养由单元自用排水设施产权人或经营管理单位负责，并由排水公司对其进行专业化监督指导。

1.4.5 以信息技术为支撑，持续提高效率

广州市利用新一代信息技术手段，坚持智慧管控、需求导向、精细管理，开发应用"管养通""智慧排水系统"等城市排水智慧化应用平台，不断提升城市污水收集处理现代化水平。一方面，从城市排水一线的设施养护人员、排水户管理人员的实际问题出发，借助一线人员力量，在智慧排水线上再现场景，根据现场数据实时更新和修正平台信息，实现以用促建。另一方面，依靠专业化平台的快速确认和模拟校核，辅助现场作业，提升一线人员的现场作业水平，实现专业化平台与专业化队伍能力的"双提升、双促进"。

近年来，通过全市各部门、各区共同努力，广州市污水处理效能稳步上升，基本实现提质增效目标，但与国家、省"十四五"期间要求和市民对于水务工作的新期待仍存在一定的差距。下一步，广州市将继续以习近平新时代中国特色社会主义思想为指导，全面贯彻党的二十大精神，深入贯彻习近平生态文明思想，全面落实"人民城市人民建、人民城市为人民"的理念，紧紧抓住高质量发展主线任务，坚持向管理要效益，向工程要效果，不断提高排水设施建设和管理水平，推动广州市污水处理高质量发展，不断提升市民的获得感、幸福感、安全感。

广州市水务局：孙雷　麦贤浩　龙侠义　辛文克　何江通　柏啸
广州市排水设施管理中心：冼慧婷　卜俊玲
广州市城市排水监测站：陈世飞　钱蔚　吴珊
广州市水生态建设中心：刘哲　鲁胜　黄晓旭
广州排水公司：苏健成　何昊
广州净水公司：张彤彤　徐超

2 深圳

2.1 基本情况

"十三五"以来，深圳市认真贯彻习近平生态文明思想，以中央生态环境保护督察反馈问题整改为契机，科学谋划、系统部署，举全市之力强力推动水环境质量实现历史性、根本性、整体性好转，全市159个黑臭水体、1467个小微黑臭水体稳定消除黑臭，河流水质实现整体性跃升。但由于人口与产业爆发式增长带来的污染负荷远超水环境容量、存量管网排查改造难、排水行为不规范等原因，雨污混流、雨水、河水、地下水入侵等现象难以避免，同时受"能收尽收"等因素影响，2019年全市水质净化厂进厂BOD_5平均浓度从2018年的113mg/L下降到106mg/L，污水处理提质增效与水环境"长制久清"工作面临着较大挑战。

2.1.1 城市概况

深圳地处广东省南部，珠江口东岸，南边通过深圳河与中国香港相连，北部与东莞、惠州接壤区。第七次全国人口普查公报数据显示，深圳市常住人口1756.01万人。

深圳属于南亚热带海洋性季风气候，雨量丰沛，多年平均降雨量1935.8mm。境内河流众多，且多为雨源型，径流年内分配不均匀，雨季容易出现洪峰，旱季易出现断流，易受入河污染物影响出现水质不稳定的情况。深圳市大部分区域地下水埋深大于2.0m，滨海平原地区，深圳河、观澜河中下游冲积平原和河口三角洲，横岗—龙岗盆地，葵涌盆地等因地势较平，地下水位埋深较浅，小于2.0m，地下水位高于污水管道埋深，易出现地下水、河水等入侵污水系统的情况。

2.1.2 污水设施现状

深圳自建市以来始终坚持以雨污分流排水体制指导污水收集处理系统建设。

1. 管网现状

污染在河里，根子在岸上。"十三五"期间，深圳市牢牢扭住管网这个"牛鼻子"，在补齐管网缺口上用"笨办法"，在管网排查整治上下苦功夫，截至2020年，完成1.5万个小区（城中村）正本清源改造，新增管网6460km。市政排水管网达到18561km（其中污水管网约7960km），基本补齐污水管网历史欠账，实现污水管网全覆盖、全收集、全处理。

2. 污水处理设施及泵站现状

2019年全市共运行36座水质净化厂（不分期为27座），共形成9大排水分区、28个污水一级分区，实现建成区的全覆盖。2019年水质净化厂总设计规模为619.5万m^3/d，实际平均处理量为539.6万m^3/d（负荷率87.1%），进厂平均BOD_5浓度106mg/L，累计进厂BOD_5总量21万t。此外，"十三五"期间为快速补齐设施短板，还建设了42座分散式污水处理设施，总规模134.83万m^3/d。

深圳市主要通过重力流将污水输送至水质净化厂处理，部分滨海区域污水需通过泵站提升后进厂处理。2019年，全市共建成污水泵站80座，总规模533.8万m^3/d。

2.1.3 提质增效面临的主要问题

2019年全市有22座水质净化厂平均进水BOD_5浓度低于100mg/L，受雨水、河水、清洁基流、地下水、处理后的低浓度工业废水等外水入侵影响大，仅晴天就有约128万m^3/d的外水进入污水系统，提质增效工作面临较大的压力和挑战（表2-1）。

24座水质净化厂晴天外水排查情况　　　　　　　　　　　表2-1

厂	外水规模（万m^3/d）					外水总规模（万m^3/d）
	低浓度工业废水	清洁基流	河水	地下水	施工降水	
盐田水质净化厂	0.42	0.42	/	0.07	0.15	1.05
松岗一期水质净化厂	2.22	0	1.75	6.17	/	10.14
松岗二期水质净化厂						
沙井二期水质净化厂	17.68	0.1	3.28	3.28	4.36	28.69
沙井一期水质净化厂						
福永水质净化厂	6.08	/	2	2	0.05	10.13
布吉一期水质净化厂	0.48	0.17	6.69	0.03	0.1	7.47
布吉二期水质净化厂						
埔地吓一期水质净化厂	1.6	2.09	1.08	0.2	0.46	5.42
埔地吓二期水质净化厂						
平湖水质净化厂	0.26	0.02	0.44	0.23	0	0.95
鹅公岭水质净化厂	0.62	0.32	0.94	0.15	0.08	2.11
横岗一期水质净化厂	0.96	1.25	1.4	0.12	0.11	3.83
横岗二期水质净化厂						
横岭一期水质净化厂	3.16	0.55	9.78	0.46	2.07	16.02
横岭二期水质净化厂						
观澜一期水质净化厂	6.5	1.3	0.69	6.36	0.01	14.86
观澜二期水质净化厂						
龙田水质净化厂	1.52	0.2	/	0.41	/	2.13
沙田水质净化厂	0.58	0.42	/	0.21	/	1.21
上洋水质净化厂	3.71	2.43	/	2.86	/	9
光明水质净化厂	7.5	/	/	4.4	2	13.9

续表

厂	外水规模（万m³/d）					外水总规模（万m³/d）
	低浓度工业废水	清洁基流	河水	地下水	施工降水	
葵涌水质净化厂	0.1	0.06	/	0.31	0.08	0.55
水头水质净化厂	0.05	0.32	0.02	0.57	0.05	1.01
合计	53.43	9.64	28.07	27.81	9.52	128.47

注：虽布吉二期、横岗二期进水浓度达100mg/L，但因其服务范围与布吉一期、横岗一期交织，故开展了24座厂的外水摸排，编制了一厂一策。

1. 工程性问题

（1）沿河截流系统向处理设施输送大量低浓度水

为快速、有效遏制水环境恶化趋势，深圳市早期探索治水过程中，在部分区域沿河建设了箱涵截流系统（截流倍数一般取2.0～5.0）。目前，部分区域仍存在一些沿河截流管涵未退出污水系统。沿河截流系统充分发挥了截污拦污的功能，但也是大量低浓度混流水冲击拉低水质净化厂进厂浓度的最大问题所在。如茅洲河干流箱涵经排查发现180多个沿河污水截排口、120个左右的雨水排放口。箱涵旱季平均BOD_5为10～30mg/L，2021年进入光明厂箱涵水水量约4.2万m³/d，占进厂水量的15.5%，拉低进厂BOD_5浓度约15.1mg/L。雨季箱涵来水浓度更低，BOD_5浓度基本在15mg/L以下，雨季通过箱涵进厂的量约占厂处理总量的18%～25%，使雨季期间光明厂进厂浓度较旱季约下降33%。此外，因厂的处理能力有限，箱涵还存在溢流风险，如茅洲河流域在单日达到暴雨或25mm降雨连续两天以上则箱涵基本会溢流，溢流水质NH_3-N浓度约6～9mg/L，茅洲河干流箱涵溢流影响是雨天水质波动的因素之一（图2-1）。

（2）总口、点截污仍未全部消除，导致清洁基流进入系统

为了尽可能收集污水，早期还在管网设施不完善、污染负荷严重的区域采取了点截污、总口截污等措施。其中，点截污主要是在污染负荷重的农贸市场等地块排水出口设置管道井截流堰；总口截污主要是在河道支流、沟渠、暗涵等末端出口处设闸或者堰，在末端按一定截流倍数进行拦截送至水质净化厂处理，导致降雨期间大量清洁基流和雨

图2-1　茅洲河截流箱涵系统（光明区）

水混流的污水进入水质净化厂处理。

（3）管网错乱接仍然存在，雨天雨水入污现象较为严重

老旧管网数量较多，存在部分混接、错接等问题未能及时被发现整改，雨天雨水入污现象较为严重，2019年雨季期间全市36座水质净化厂中有14座（占比38.9%）满负荷或超负荷运行，20座（占比55.6%）平均负荷率大于90%。在大雨级别的降雨下，全市污水处理量一般较晴天增长25%~30%左右，进厂浓度一般下降约20%~25%。

（4）存量管网缺陷较多，导致地下水、河水进入污水系统

存量的老旧管网由于外力或自身使用寿命等原因，会出现不同程度的腐蚀、破损等缺陷。如南方植物的发达根系易对管道产生破坏，又如软土地基及大量填海地区的地面不均匀沉降也易引起管道接口脱节、破损等。有数据显示，存量老旧管网三级以上功能及结构缺陷每公里约为1.76个。加之深圳市地下水位较高，地下水通过管道缺陷处进入污水管道。以福田区安托山、深康片区的地下水渗入污水系统为例，片区总污水量1.7万m^3/d，通过计算得出其中4250m^3/d为地下水入渗，约占污水量的33%。

2．非工程性问题

（1）工业废水排放问题

深圳市工业废水均按环保要求开展了厂内工业废水处理。受部分流域（特别是东江上游）限排影响，工业废水处理达标后仍不允许直接排放水体，只能排入污水管道进入水质净化厂二次处理，这些处理后的低浓度工业废水稀释降低了进厂浓度。初步排查发现，宝安、龙岗、坪山三个行政区20座水质净化厂服务范围内，排入污水管网的低浓度工业废水共35.3万m^3/d，平均BOD_5浓度为17.19mg/L，拉低了进厂BOD_5浓度18.6mg/L。

（2）施工降水进入污水系统问题

施工降水一般经过沉淀处理后排入雨水管道，但由于部分区域存在沿河截流管涵，施工降水被截流进入污水处理设施，降低了进水浓度。如当前开发建设强度较大的光明区，全区已报水保的工地数为161处，总排水量达2.2万m^3/d，占总污水量的10%。

2.2　典型做法

完善顶层设计，有序推进。印发《深圳市污水处理提质增效行动实施方案（2020年—2021年）》（深水污治指〔2020〕1号），作为全市污水处理提质增效工作的顶层设计文件，共安排两大方面38项工作任务

建立工作机制，压实责任。按照"市级统筹、分区负责"原则，将污水处理提质增效相关工作任务纳入全市水污染治理年度计划和责任手册一并实施，明确责任分工，按月召开调度会议，强化督办考核，确保了工程建设任务的按期完成。在全市各区全部成立了国有或国有控股的专业

排水公司，对小区、市政公共排水设施进行专业化管养。

逐年细化工作要点，动态评估。结合工作进展和问题评估，逐年编制工作要点。如2021年印发了《深圳市污水处理提质增效2021年工作要点》（深水治污〔2021〕60号），重点突出箱涵减水量、分散设施有序退出污水系统、低浓度工业废水剥离污水系统试点等方面要求和措施。2022年工作要点进一步突出强调了建筑立管排查整治、过河管排查修复、河湖海水倒灌等工作。

2.2.1 源头排查，摸清底数

1. 全面排查溯源各类外水问题

以"正向排查+逆向溯源"的方式开展全面排查溯源。正向排查主要通过水质水量监测确定的重点区域以及水库和山体等生态区，采用现场踏勘和水质快检的方式进行清洁基流、施工降水、源头小区外水等清洁外水的排查。逆向溯源通过污水系统的水质水量监测，甄别低浓度外水进入污水系统的管段点位。对于各类总口、截流井等导致污水系统不封闭的点位，向上游溯清水来源。此外，市、区水务部门也定期开展以成效评估为导向的动态检查工作，通过检查发现问题并及时整改（图2-2）。

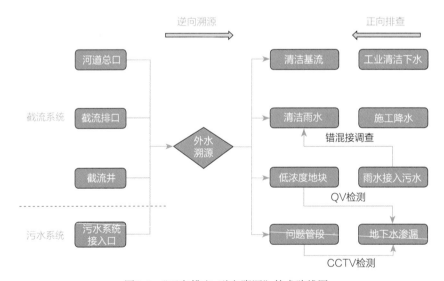

图2-2 "正向排查+逆向溯源"技术路线图

2. 专项排查源头雨污分流情况

正本清源是指通过对源头排水用户管网实施混错接改造、管道清淤、管网破损修复改造等工程，不断完善小区雨、污水排水管网系统，实现雨污分流。"十三五"期间，全市正本清源改造分居住小区、城中村、公共建筑和工业仓储四类开展，完成了1.5万个小区正本清源改造，基本实现全覆盖。在此基础上，2020年以来为保障小区源头雨污分流成效的持续，全市组织开展正本清源雨污分流改造全覆盖分析工作。

工作开展过程中，一是统一标准，印发了《正本清源雨污分流全覆盖分析一图一表编制指引》；二是保障力量，整合区水务部门、街道、社区以及小区排水设施运维单位力量，以社区为单位组织工作；三是网格化梳理，逐栋逐户排查建筑与小区雨污分流情况，对正本清源雨污分流改造工程及排水小区达标情况进行梳理；四是同步实施整改，编制"一图一表"，对未整改的建筑小区立即纳入年度计划进行整改，出现返潮的要求立即整改。主要排查步骤如下。

（1）各区根据前期摸排情况，对各排水小区进行分类、填充（表2-2），形成"××社区正本清源雨污分流全覆盖分析图"初稿（简称"分析图"）。

小区/地块六个类型分类情况及填充样式要求 表2-2

序号	小区/地块分类	填充颜色及样式	备注
1	2019年底前已完成正本清源改造工程的排水小区		
2	2019年前已列入计划未完成的小区		
3	2020年已纳入计划的排水小区		建议图层可按各区实际情况区分，图例填充颜色及样式严格按类别划分
4	已排查无需改造的排水小区及区域		
5	未排查经补充复核无需改造的排水小区及区域		
6	未排查经补充复核需改造的排水小区		

（2）区水务局组织区排水公司深入每个社区，由社区工作人员对照本社区分析图，共同复核分析图内相关信息，并同步复核社区内所有小区和建筑物是否已全部纳入分析图。

（3）对遗漏未纳入分析图的小区或建筑物，由排水公司和社区人员共同现场检查，复核遗漏小区或建筑物情况。

（4）区水务局根据复核情况修改完善"××社区正本清源雨污分流全覆盖分析图"，并填写"正本清源雨污分流台账总表"和"正本清源雨污分流台账详表"，形成一图一表成果。

（5）区水务局、社区、排水公司等相关单位对一图一表成果进行签字确认，并对成果开展定期动态更新。

以福田区梅京社区的排查结果为例，社区共有排水小区43个，其中35个为已于2019年前完成正本清源雨污分流改造小区，5个为"十三五"期间已排查确认无需改造小区，3个为"十三五"期间未排查经本次补充复核后确认无需改造小区（图2-3）。

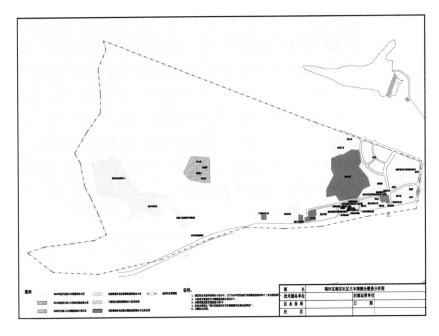

福田区梅京社区排水小区正本清源雨污分流台账详表（截止到2020年第一季度）

| 序号 | 区域 | 社区 | 小区名称 | 管理人口（人） | 位置 | 面积（㎡） | 物业管理单位 | 正本清源改造情况 | | | 未排查小区复核情况 | 是否未排水达标小区 | 是否纳入排水管理进小区 | 备注 |
								完成情况	完成或计划完成时间	改造方案				
1	福田区	梅京	红岭中学高中部		安托山9路3号	89731	红岭中学	已完成					√	
2	福田区	梅京	尚书苑		梅林路154号	12496	深圳市广居物业服务有限公司	已完成					√	
3	福田区	梅京	红岭中学垃圾站		北环路北侧，红岭中学北环入口东侧		深圳市福田区城市管理局	已完成					X	
4	福田区	梅京	深圳市外事办		北环大道7024		深圳市外事服务中心	已完成					X	
5	福田区	梅京	深圳梅林加油站		北环大道7012号		中国石油化工股份有限公司深圳梅林加油站	已完成					X	
6	福田区	梅京	梅山苑二期		梅山路	22551	深圳市城投物业管理有限公司梅山苑管理处	已完成					√	
7	福田区	梅京	颂德花园		下梅林2街6号	21059		已完成					√	
8	福田区	梅京	梅山小学		梅山街3号		梅山小学	已完成					√	
9	福田区	梅京	梅林苑		下梅林一街3号		深圳市新东升物业管理有限公司梅林苑管理处	已完成					√	
10	福田区	梅京	碧云天		梅林街道梅林西路156号			已完成					√	
11	福田区	梅京	林海山庄		北环大道7020号		卓越物业管理有限公司	已完成					√	
12	福田区	梅京	下梅林汽修大楼		北环大道7010号	4803	深圳市千泰丰物业管理有限公司汽修大厦管理处	已完成					X	

图2-3 梅京社区正本清源覆盖情况排查"一图一表"成果

3. 老旧管网缺陷排查整治

深圳市自2015年开始启动第一轮排水管网隐患排查和整治工作，2019年已基本完成。2020年进一步结合国家有关工作部署，印发通知明确各区严格依据相关要求，按照5年一轮、每年排查不少于总量的20%的要求开展第二轮排水管网隐患排查和整治工作，并将排水管网隐患排查和整治工作纳入生态文明建设考核。具体排查工作内容包括以下几个方面。

（1）排查前结合上一轮开展情况和辖区管网老化实际，科学制定5年工作计划和本年度详细实施计划。

（2）对排查出的隐患进行分类评级，建立隐患台账和落实责任部门，明确整改时间、整改责任人，确保隐患得到及时处置。

（3）重点监控主干管及重要交通干线下管网运行状况，关注因排水管道水位大幅变化而可能诱发的地面坍塌事故，确保排水安全。

（4）对近年来安全隐患排查整治数据进行对比分析，研究安全隐患与管材、地质条件、建造工艺、运行状况等参数之间的相关性，找准隐患防治工作的着力点，提高排查整治的针对性。

2020年到2021年，全市按进度要求有序推进第二轮排水管网隐患排查和整治工作，已累计完成存量市政排水管网隐患排查长度6070.5km。

4．专项排查雨水入污情况

雨水进入污水收集处理系统是制约深圳污水系统效能进一步提升的重要原因。市、区水务部门定期持续开展雨水入污的排查，通过对雨天污水处理设施运行情况、污水冒溢情况的摸排分析，来系统评估降雨期间的雨水入污情况。其中，市水务局统筹负责数据分析与工作指导，区水务局组织排水公司开展具体排查工作。

在2021年6月，对28～29日的典型降雨（国家基本站降雨量分别为41.9mm和34.7mm，均为大雨级别）开展的雨水入污专项排查工作中，市、区两级在降雨初期迅速启动分析与排查工作。其中，市水务局通过雨天的进水数据分析发现，全市污水处理设施降雨期间日均污水处理量（846.8万m^3/d，负荷率113.3%）较晴天（653.7万m^3/d，负荷率87.46%）增长约30%；全市水质净化厂进厂平均BOD_5浓度（91.32mg/L）较晴天（119.65mg/L）下降约24%，表明降雨期间存在大量的雨水入污现象。同时，各区同步组织排水公司开展雨水入污及污水冒溢情况排查，通过排查发现全市污水冒溢点约103处，主要发生在宝安区（41处）和龙岗区（39处）。在此基础上，市水务局进一步组织各区对雨水入污原因及冒溢点进行逐一溯源分析后开展整治工作（图2-4）。

图2-4　龙华天汇大厦（左）及坪山梓横社康医院（右）污水冒溢

5. 集中排查整治过河管

过河管往往采用倒虹管设置，由于长期位于河道水面下，不仅存在渗漏、倒灌、河水连通等问题，同时还面临修复难度大、施工面狭小等困难。

区级层面，将过河管的河水入渗问题排查作为常态化工作持续开展，各区组织排水公司全面核查所有过河管基本数据，建立过河管基础信息台账，2021年的排查发现全市共计有326段过河管。市级层面，主要依托雨污分流交叉检查工作对全市过河管健康情况进行检查，2021年度市级检查中，全市326段过河管中193段采集到了有效水质数据，剩余过河管由于废除、无水、全封闭等原因无法取样。检查发现，过河后污水浓度（NH$_3$-N）下降超过20%的共计17条，占比8.81%。其中，大鹏新区污水浓度（NH$_3$-N）下降超过20%的污水过河管占比较高，为26.32%。

【案例】龙岗区大排查

龙岗区结合"一厂一策"系统化实施方案的排查要求，以问题为导向开展了全覆盖排查。排查内容包括对厂范围的污水系统进行系统梳理，摸清现状污水收集处理设施运行情况；对源头小区、河水倒灌、施工降水接入、山泉水和雨水接入、地下水渗入、工业和其他废水接入等问题进行排查和定量分析（图2-5）。

（1）源头小区的排查

对源头小区出口雨、污水管道，旱、雨天水质水量的监测，与小区用水量对比，结合化粪池前、后污染物浓度典型值，根据片区内的小区规模，测算旱季清水（地下水、

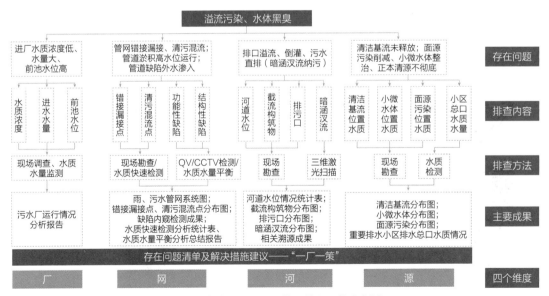

图2-5　龙岗区"一厂一策"排查工作内容图

山泉水）入渗量、雨水接入量、混入雨水管道污水量。此外，对于源头小区内的分流成效问题则结合源头雨污分流专项排查开展。

（2）清洁基流进入污水系统的排查

清洁基流排查工作步骤包括水系图绘制、现场调查、水质水量检测。清洁基流的排查步骤如下。

1）水系图绘制及分析：收集排查范围内前期已开展的工程资料，并对已收集的资料分类归集，核查收集资料的完整性、可信度和可利用程度，形成完整的水系图。

2）现场调查及测量：根据水系分布，对每条水系从源头至末端进行全程实地调查，调查清洁基流的位置、来源、去向、水深、水量、水质等信息，清洁基流位置可通过RTK定位。

3）水质监测：水质通过现场采集水样，送实验室进行检测，进一步掌握清洁基流的水质情况。

龙岗区在排查清洁基流的同时，还对其他清水入流入渗情况进行分析，探索出了COD_{Cr}、NH_3-N色阶图分析方法，通过不同水质情况基本可以快速判断主要存在的问题。对于浓度异常高管段，优先考虑存在工业、垃圾渗滤液影响。对于浓度异常低管段，优先考虑受到河水、清洁基流、低浓度工业废水、施工降水等影响。对于浓度突变管段，往往对应外水入侵点（图2-6）。

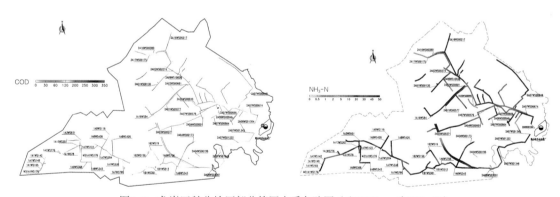

图2-6　龙岗区鹅公岭厂部分管网水质色阶图（左COD_{Cr}、右NH_3-N）

（3）雨水影响的排查

一是摸清片区雨、污水管基本情况，通过现场走访调查和查阅市政管网图纸，摸清污水检查井的位置及周边竖向，明确区域内污水管网对污水和雨水的收水范围。二是现场踏勘初步判断外水情况，现场查看晴天和雨天管道内水位位置，通过污水管道充满度，可初步判定是否有外水进入。三是开展晴、雨天水质水量监测，分别采样监测晴天和雨天的检查井内水质情况，若水质明显发生变化，则监测晴天和雨天情况下污水检井内水量和管道液位。四是分析进入污水系统的雨水情况，结合长系列污水干管运行水位、旱天来水水量和日降雨关系，对比两种情况下水量和液位的变化，估算雨季进入污水管道的水量。同时将排口调查和管道调查等结合在一起进行对比分析，进一步提高结论的科学性、可行性。

（4）低浓度工业废水排查

重点针对受工业废水影响严重的片区开展低浓度工业废水的排查工作，排查工作包括梳理分析工业企业废水排放的总体情况、分析评估工业企业废水纳管对水质净化厂的影响等。其中梳理分析工业企业废水排放的总体情况，具体包括梳理企业数量、水质、水量，梳理纳管或直排水体情况，了解各种类型工业企业的排水性质、水质特点，分析测算水量在各水质净化厂服务片区总污水量的占比、贡献度等内容。

（5）施工降水的排查

对区域内正在施工地点进行摸排，找出区域内施工降水点，调查施工降水是否办理排水许可，监测其水量、水质，调查排水去向，并评估对水质净化厂进厂浓度和处理规模的影响。

2.2.2 系统施策、统筹治理

1. 以"一厂一策"为核心，推进工程建设

深圳市不同区域地形地貌、水文地质、建设强度、产业水平、地下管网完善程度差异较大，污水处理提质增效需要因地制宜、分类施策、综合治理。为高标准开展进水BOD_5浓度低于100mg/L的22座水质净化厂"一厂一策"的编制与实施，2020年5月出台了《深圳市污水处理提质增效"一厂一策"系统化整治方案编制技术指南》（深水污治办〔2020〕14号）（以下简称《指南》）。《指南》对现有工作梳理、存在问题分析、整治工程方案、工程管理方案提出了具体要求，并紧扣区域特征，抓住主要问题，梳理了区域污水处理系统的常见特点，指导各区对问题的精准识别与分析分类（图2-7）。

在编制"一厂一策"系统化整治方案中，存在问题分析方面，首先要对现有污水系统、在建和已批待建工程以及以往工作中发现的问题进行梳理和汇总，为问题分析和整治工程方案编制奠定基础。梳理时，以水质净化厂服务范围为单元，开展现状污水系统分析、已有工作梳理和排查问题汇总。问题分析时，对清水入流入渗情况开展定量分析，通过雨季水量平衡对雨水入污量进行分析估算。

整治工程方案编制方面，要紧扣区域特征，抓住主要问题，综合开展系统化整治方案的编制。整治方案的编制重点解决进水浓度较低和水质净化厂不能稳定运行问题，若现有工程能够解决问题、达到目标，则对现有工程进行梳理、归纳；如果不能，则应重点解决已发现、未解决的问题。

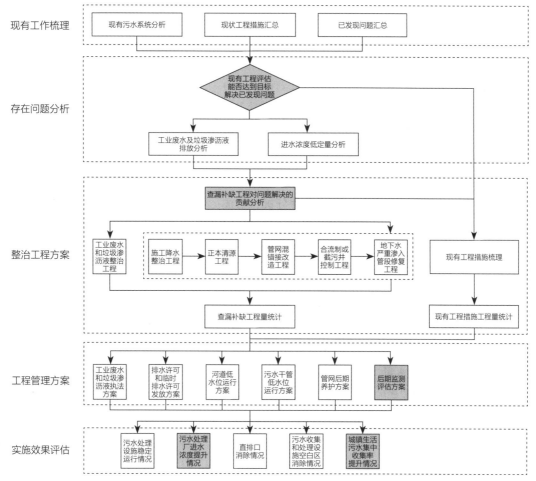

图2-7 "一厂一策"系统化整治方案编制技术路线图

工程管理方案编制方面,科学编制运行管理方案、管控机制、养护方案和监测评估方案。科学的工程管理方案是保证排水设施长期有效运行、水质净化厂进水浓度长效保持的重要措施。

在《指南》的指导下,全市浓度低于100mg/L的22座水质净化厂结合排查发现的问题,于2020年9月完成了"一厂一策"系统化整治方案的编制。"一厂一策"系统化方案编制完成后,市级层面建立了实施情况跟踪评估机制,组织第三方单位每半年对"一厂一策"实施情况进行评估。评估内容包括实施成效、重点问题解决情况、亮点工作等,通过评估形成下一步工作重点和重要工程,滚动纳入年度计划落实。

2. 以成效为核心,开展交叉检查

自2019年开始,深圳每年度定期组织开展全市雨污分流成效交叉检查工作,以查促改、以改促效,不断推动河流水环境和进厂BOD$_5$浓度提升。检查工作由副市长担任工作小组组长,市政府副秘书长、市水务局局长担任副组长,市水污染治理指挥部五大流域下沉督办担任协调组组长，各区分管副区长担任检查小组组长，各区水务部门主要负责同志、排水公司主要负责同志作为组员，每年均有上百人参与检查工作。

检查内容会根据当年的提质增效工作进展情况进行更新调整，如2021年的交叉检查除了延续2020年对小区（城中村）排水总口检查等内容外，新增了小区内排水设施完善情况、排水管理进小区首次进场执行落实情况、污水过河管河水入渗情况等检查内容（图2-8）。

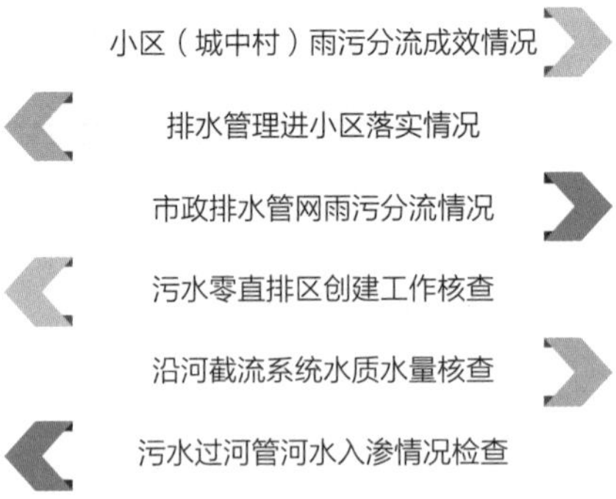

检查工作完成后，对检查数据进行整理分析，形成检查报告，指导各区对检查发现的问题进行整改。通过对交叉检查结果的分析，一方面可以检验深圳市的雨污分流工作成效，另一方面可以指导下一年度工作计划的制定。

图2-8 2021年度雨污分流交叉检查内容

3．提质增效分区综合评估

为合理评估提质增效工作成效，深圳市2020年探索开展了针对污水收集处理效能的综合评估。全市根据水质净化厂的服务范围，划分为29个污水分区（较2019年新增了1个污水分区，为洪湖厂分区），以进厂BOD_5浓度、雨晴比（雨天处理水量/晴天处理水量，反映清污混流程度）、污供比（污水处理量/供水量，反映外水混入程度）、高风险河流数（水质不达标或出现返黑返臭的河流数，反映排口溢流影响程度）等为基础指标，建立了提质增效综合评估办法，明确每项指标的不同等级划分的标准，对各指标分别赋予不同权重并打分，计算出综合得分后可评估出该水质净化厂污水收集效能的综合等级，可分为"优、中、差"三等，再细化提出每个厂服务范围的重点任务，挂图作战；每季度开展一次评估，实行动态管理，精准攻坚难点片区。

2.2.3 工程改造及修复

除了加强对管网工程设计质量的管控外，还通过加强工程质量管理来及时发现问题，组织系统整改。

1．工程质量管理

通过完善标准规范、落实项目主体责任、全面推进CCTV验收交付与管材飞检、强化政府监管四个方面开展管网建设等隐蔽工程的质量管理。落实各参与方主体质量责任，从强化勘察设计、材料质量、质量检测和功能性试验、竣工验收和移交等关键环节入手，加强管网工程建设全过程质量管理。

（1）完善标准规范

制定《深圳市污水管网建设通用技术要求》，落实规范化、精细化、长效化污水管网建设目标；制定《深圳市排水系统雨污混接调查技术导则》，规范排水系统雨污混接调查工作。制定《深圳市雨污分流管网和正本清源工程验收移交及运维工作指引（试行）》（深水污治指〔2019〕

7号），规范新建排水管网验收移交工作。

（2）落实项目主体责任

2018年印发《关于进一步加强在建治水提质管网工程建设质量管理的通知》（深治水办〔2018〕195号），要求施工方在每道工序完工后必须进行自检，在自检合格的基础上报请监理工程师验收。监理工程师通过现场检验和查看有关资料来判定工程是否达到质量要求并进行质量等级评定，监理检查验收通过后方可进入下步工序施工。管网施工完成后及时进行闭水试验及CCTV管道内窥检测，确保管道成品质量。

（3）全面推进CCTV验收交付与管材飞检

全面采用CCTV、QV手段对新建设的污水管道进行结构性缺陷和功能性缺陷检测，完成缺陷整改后才能验收。出台《深圳市排水管道电视和声呐检测评估技术规程（试行版）》，推行第三方质量检测制度，采取"四不两直"（不发通知、不打招呼、不听汇报、不用陪同，直奔基层、直插现场）方式，对项目原材料、中间产品、管材以及专项设备开展"飞行检测"，将检测结果和整改情况作为验收的前置条件，严把管材检测、试验和验收关。

（4）强化政府监管

通过"红黑榜"制度、不良行为认定等方式加强质量安全监督检查。一是持续开展全市治水提质工程飞行检测工作，定期通报飞行检测结果。二是推行"质量安全第三方评估"工作，每季度评出前五名"红榜"、后三名"黑榜"，召开评估结果通报会，评估结果在深圳市水务局官网及官方微信公众号上通报。三是开展水务项目稽察及"双随机、一公开"检查等监督检查工作，定期发布"深圳市水务工程质量安全监督通报"，对不良质量安全行为进行曝光。四是推行履约评价，出台《深圳市水务建设市场主体不良行为认定及应用办法》（深水规〔2021〕1号），将不良行为与市场准入挂钩，严控管材质量，建立健全相关制度措施，对违规、失信行为进行联合惩戒，对出现重大质量事故的，坚决清理出深圳市场。

2. 具体整改方法

针对排查或检查抽查过程中发现的问题，及时组织开展工程整改，确保整改到位。

（1）源头小区问题整改

针对源头小区发现的问题，主要结合排水管理进小区予以一并解决。排水管理进小区首次进场，需开展测绘、检测、清疏、修复四项工作，其中首次修复是对管道存在的结构性、功能性隐患进行改造修复，包括排水户雨污水管网接驳、立管改造、路面恢复、绿化恢复及相关管线迁改等内容（图2-9）。

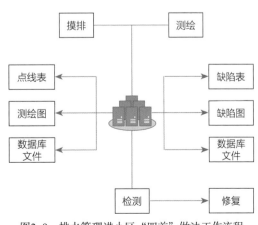

图2-9 排水管理进小区"四首"做法工作流程

居住小区及公共建筑排查发现的问题主
要包括雨污水立管合流、阳台排水错接、埋
地管系统缺失或混错接等，对低层建筑，将
合流立管改为污水立管，新建屋面雨水立管
接入海绵设施或散排入场地雨水管。对高层
建筑，将现状合流立管接入小区污水管道，
末端加设溢流设施，雨天溢流进入雨水系统。
城中村的问题整改以系统梳理、纠正错接乱
排为重点，对排水户错接乱排，逐户进行改
造；对排水管网不完善、堵塞、漏损等，开
展清掏、更换和修复等工作。工业仓储区主
要存在工业废水未处理直接排放、雨污合流、
雨污水混错接等问题。改造原则为雨污分流、污废分流、废水明管、雨水明渠化。

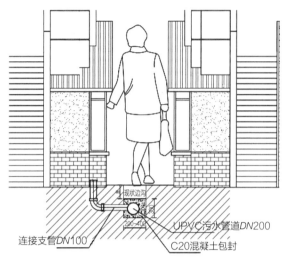

图2-10 狭窄巷道上沟下管示意图及小方井的应用

在进行源头小区的问题整改过程中，还存在狭窄巷道、人员密集、管道改造施工难度大等难
点，针对此类难点，深圳也探索出了一些做法。如针对施工面不足的巷道，采用人工开挖，分段
施工，完工一段，恢复一段，以节约施工空间，减少对社区的干扰；针对空间狭小不具备同时布
置雨污管道的巷道，创新性采用上沟下管的方式，即雨水明沟下新建污水管，节约空间实现分流
（图2-10）。

（2）市政管网问题整改

市政管网方面主要以管网接驳连通、老旧管网改造、混错接整改、污水连通韧性保障等为目
的，开展查漏补缺。主要做法是系统梳理污水系统和雨水系统，进一步查找管网覆盖盲区，整改
重点侧重于打通断头管、修复破损管、改造错接管、疏通堵塞管，推进连网成片。在修复缺陷管
方面，对于损坏程度较小的干管，原则上采用非开挖修复的方法进行，可采用局部树脂修复、喷
涂结构聚氨酯树脂修复和紫外光固化法修复等技术；对于损坏严重的干管，则应采用开挖修复。

（3）截流系统问题整改

与上游片区的系统整治相结合，大力开展箱涵退出与减水量工作。整改步骤为：首先对截流
入箱涵的明、暗排口进行全面梳理、造册，开展排口改造；其次对于污水排口，溯源后结合岸上
相关的正本清源改造、雨污分流管网、暗涵整治等相关工作，对全部污水口溯源截污和封堵；此
外同步开展排口、箱涵、管涵破损及渗漏点修复工作，持续减少外水入渗量等，推进箱涵减水
量、降浓度工作（图2-11）。

以茅洲河干流箱涵减水量工作为例，通过排口溯源改造、完善岸上的雨污管网，实现了清
污分离、雨污分流，打开了截流总口。2021年底茅洲河干流箱涵旱季进水总量约8.1万m^3/d，较
2021年初水量（11万m^3/d）减少26.6%。

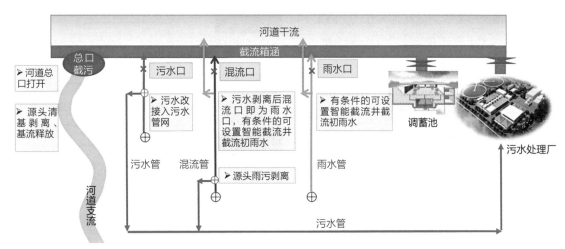

图2-11　箱涵减水量总体路线图

（4）过河管问题整改

针对过河管破损、老化和腐蚀情况，综合考虑交通、工期和经济因素确定修复工艺，一般采用开挖修复和非开挖修复技术对过河管进行修复，以新洲河过河管修复为例介绍主要做法。

新洲河早期采用了单侧河岸布设沿河截污管的方式进行污水收集，沿线共有过河管11根，管径600～800mm，长度在40～80m之间。投入使用多年，部分跨河管段存在破损、渗漏问题，导致河水倒灌进入污水系统，影响污水处理效率。施工单位利用旱季基流少、河道整治期间低水位的有利条件，对问题过河管管线进行内窥检测，确定其中9条存在不同程度渗漏、错口等问题，并根据损坏情况制定了修复计划。由于开挖修复无施工作业面，且影响城市交通，为了减少施工占道影响及开挖施工风险，决定采用非开挖修复工艺的CIPP紫外光固化修复法开展修复。紫外光固化修复技术是将玻璃纤维增强的软管拉入待修复管段，充气膨胀，紧贴管道，然后在紫外光的作用下，使软管固化形成具有一定强度的内衬管，从而加固修复原有管道结构。新洲河过河管修复后彻底解决了管道渗漏现象，片区污水收集效能明显提升，新洲河水质也得到明显改善（图2-12）。

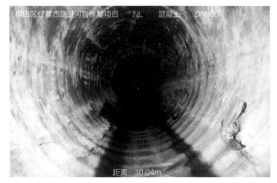

图2-12　新洲河过河管修复后

（5）低浓度工业废水问题整改

针对排查出的工业废水影响水质净化厂的情况，深圳市进行了分类处理的探索。市生态环境局出台《深圳市工业废水委托水质净化厂处理工作方案（试点）》（深环办〔2021〕37号），在全市试点、推广高浓度有机类工业废水委托水质净化厂处理模式。以"分类处置，一厂一策"为原则，按照排放污染物类型及排放方式，将工业企业（不含小废水拉运企业）分为三类。其中，不含第一类污染物及其他有毒有害物质（影响水质净化厂生化处理工艺的物质）的有机类工业废水排放企业作为允许委托类；排放污染物具有一定可生化性且不含第一类污染物、有毒有害物质的企业作为限制委托类；排放污染物含第一类污染物或有毒有害物质的企业作为禁止委托类。工业废水

允许委托类
- 不含第一类污染物及其他有毒有害物质（影响水质净化厂生化处理工艺的物质）的有机类工业废水排放企业

限制委托类
- 排放污染物具有一定可生化性且不含第一类污染物、有毒有害物质的企业

禁止委托类
- 排放污染物含第一类污染物或有毒有害物质的企业

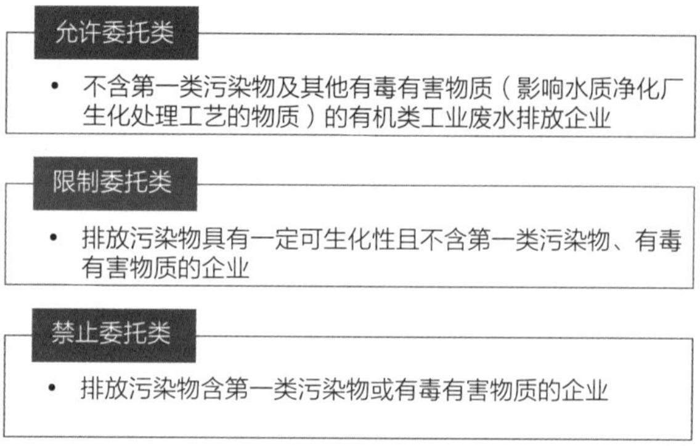

图2-13　工业企业（不含小废水拉运企业）分类

委托水质净化厂处理工作要求由市生态环境局各区管理局、区水务局、管养单位三方共同见证，委托处理方（工业废水排放企业）与受委托处理方（水质净化厂）共同签署工业废水试点委托处理协议（图2-13）。

针对允许委托类，部分区域探索开展了工业废水委托水质净化厂处理试点工作。宝安区选取了青岛啤酒厂有限公司，光明区选取了晨光乳业公司等食品行业的工业废水开展试点。工业废水采用专管进厂方式，委托水质净化厂处理。据测算，青岛啤酒厂试点工作开展后，松岗厂的进厂BOD_5浓度预计可提升10.17mg/L，同时青岛啤酒厂每年可节约废水处理费用275万元，取得了提升水质净化厂进厂浓度、增加碳源和降低企业污染治理费用的双赢局面。

针对禁止委托类，通过全力推进重污染工业企业入园聚集发展予以统筹解决。建设了李朗国际珠宝产业园、宝安江碧环境生态产业园、深圳国家生物医药产业基地等，便于生态环境部门对工业废水的集中监管。

【案例】上洋厂"一厂一策"系统化方案编制与实施

坪山区地处深圳市东部，经过多年治水，河流水质和水环境已有显著提升，但污水处理设施的进水浓度仍偏低。坪山区上洋水质净化厂，以充分发挥污水处理设施的运行能效为目标，编制了《上洋水质净化厂污水处理提质增效"一厂一策"系统化整治方案》，系统统筹正本清源查漏补缺、管网排查、老旧管网诊断修复、暗涵汉流整治、总口及点截污整治等工作，全力推进提质增效，巩固提升了水污染整治成效。在技术措施的支撑下，上洋水质净化厂2020年进厂BOD_5年均浓度较2019年提升了43%，大大提升了污水收集率及污水处理效能。

（1）方案编制

以问题为导向，以目标为指引，组织开展溯源排查，分析系统存在的问题，重点排查范围包括管网错混接、管道缺陷、河道排口、暗涵汉流、截污系统及接入排口、重点

面源污染、城中村三池（化粪池、隔油池、垃圾池）等。在排查的基础上，形成了由"点"及"线"到"面"的全流域全覆盖的技术路线（图2-14）。

（2）组织实施

结合"一厂一策"总体方案中明确的5类工程（市政管网完善、老旧管网修复、工业企业排水整治、正本清源查漏补缺以及河道总口打开），立项开展了坪山区老旧管网修复工程、

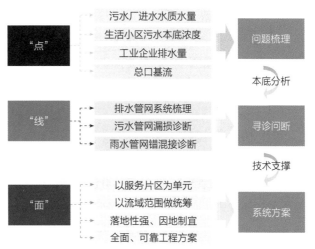

图2-14 坪山区提质增效技术路线图

正本清源查漏补缺工程等多个提质增效重点项目。因项目涉及范围大，工程分为3个标段以EPC模式进行建设。由于参建单位较多，为强化管理，坪山区水务局组织成立水务工程设计中心，引入前期代建单位，形成"1+3"水务技术服务架构，引领3家设计单位执行统一的技术路线，遵循统一的排查原则，采用统一的监测方案，实施统一的任务分工。编制了项目技术指引，作为工程的通用设计标准，规定统一的通用设计原则，提高设计效率；同时，建立了项目方案多级审查制度，并由管网管养单位坪山排水公司全程参与项目实施，有效保障项目实施质量（图2-15）。

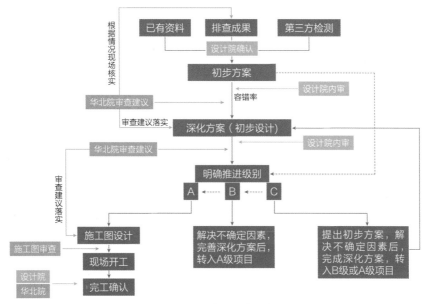

图2-15 项目方案多级审查制度图

（3）实施成效

自上洋厂"一厂一策"方案深入实施以来，各项工程不断推进，打开12处总口（剥离清洁基流2万m³/d），解决159处点截污，修复了5处沿河管道（剥离清洁基流0.7万m³/d），处理了4033处错混接，有效提升了水质净化厂进水浓度。

2.3 建机制、保长效

"三分建设，七分管理"。走好雨污分流之路，设施是基础，管理是核心。为此，深圳市运用法制思维和法制方式，通过完善立法，加强专业管理与社会管理相协同，既管设施也管行为；从流域水系特点出发，要素联动，构建厂网一体化管理机制；同时，通过联合执法护航治水成效，广泛各方参与，凝聚社会共治力量，发挥排水系统长久效益。

2.3.1 法制化保障排水及设施的规划、建设、运行、维护

《深圳市排水条例》自2007年实施以来对加强排水管理、保障排水安全畅通等起到了重要作用，但是经过十多年的快速发展，也出现了市政排水设施的建设与运营管理脱节、大量建筑小区管网"缺管、失养、乱接"、餐饮等大量经营类排水户排水行为不规范、工业企业废水排放未纳入排水许可管理存在偷排、超排现象等问题。为有效解决以上问题，并将近年来在排水管理体制机制改革方面探索的经验予以固化，深圳修订《深圳经济特区排水条例》，采用经济特区立法形式，衔接上位法，结合深圳实际进行了细化，其中进一步明确厂、站、网的建设主体，管理关系及与属地、排水户的关系等，具体内容如下。

一是明确建设项目配套建设的排水设施，应当雨污分流，应当与主体工程同时设计、同时施工、同时投入使用。明确各类排水设施相关工程的审批要求、验收要求。

二是推出排水户分类管理的制度。深圳是全国第一个实行排水户分类管理审批的城市，分类管理制度改变过去所有排水户必须办证、日常监管一刀切的做法，让大部分一般排水户免于办证，方便了企业，减轻了市场主体负担，也减少了行政部门办理排水许可工作量，大大提高了监管效率。

三是明确了排水设施维护与管理工作的边界，分类对排水设施的运行管理单位进行明确，如市政排水设施由排水主管部门依法委托运行单位管理，建筑小区共用排水设施由区人民政府依法委托专业单位管理，但是产权人明确表示自管理的除外。明确了排水设施运行管理单位的职责范围，包括日常巡查和维护、建立数据库、指导排水行为等。进一步压实排水管网运行管理单位职责。明确排水管网运行管理单位对设施、排水户底数负责；明确排水管理公司作为政府职能的延伸，在日常管理工作中发现问题的重要职能，以及协助开展源头管控的职能。

2.3.2 创新排水许可管理制度

深圳市排水户基数巨大、涉及行业众多。2018年开始，组织开展全市大规模排水户普查录入专项行动，同步开发深圳市排水户监管系统和排水小助手APP，到2020年底建立39万户排水户底册，形成了排水户"一户一档"信息化台账。但仍然存在覆盖面不够全、部门职责分工不够明确、排水户管理要求不够细致等弊端，未实现针对不同性质排水户的差异化管理。因此，在优化营商环境大趋势下，专门制定《深圳市排水户分类管理办法》（深水规〔2022〕1号），按照"全市统筹、分类管理和分级监督相结合"的原则对排水户进行管理，将分类管理做法制度化。按照排水类型，将排水户主要分为工业类、工程建设类、餐饮类、医疗卫生类、科研类、汽车服务类、垃圾收集处理类、洗涤类、住宿服务类、畜禽养殖类、综合商业类、农贸市场服务类共12类排水户。考虑排水户的经营规模、排水水量、水质等因素，分别明确各类排水户实施许可或备案管理的条件。原则上从事美容美发、洗浴以及月用水量较少的小型餐饮活动的排水户办理排水备案，从事工业、工程建设、医疗、汽车修理、屠宰、农贸等活动的排水户核发排水许可证（图2-16）。

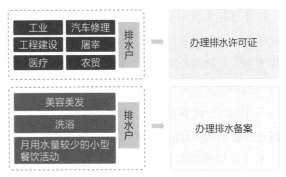

图2-16　排水户分类管理情况

2.3.3 资金保障机制

为了全力保障提质增效工作的开展，深圳市在正本清源、管网建设等相关工作领域均建立了资金保障机制，加强政府财力资金保障，统筹调度市、区政府预算，积极拓宽财力渠道，以更足额、更直接保障提质增效相关工程改造与运维工作的投入。并引入社会资本参与相关工作，全市采用BOT建设并进入商业运营的水质净化厂达到22座，总投资规模达到76亿元。如为鼓励社会资金投入，发挥社会力量参与，提高建设效率及运营质量，共同推进水环境质量持续改善，光明区光明水质净化厂"厂网一体化"采用PPP的全生命周期按效付费模式，将30万m³/d污水处理能力的光明厂的建设运营、141km的排水管道建设以及982km排水管网运营打包为"厂网一体化"建设运营的"深圳市光明区海绵城市PPP试点项目"，实行合同管理、激励约束和按效付费机制，发挥协同效应，提高整体效益。

将排水管网维护养护经费纳入政府财政预算，管网运营服务费由市财政局按各区污水处理费征收总额的25%～35%划拨至各区，各区根据运营企业实际维护管网长度和中标价格，按月拨付运营服务费。设立大修费用共管账户，于支付运营费时提取约10%的资金作为大修专项资金，存入共管账户。针对正本清源工作开辟绿色通道，建立快速推进保障机制。简化立项程序，无须办理水保、环评、规划许可、施工许可等，无须办理可研申报，直接开展初步设计，由各区（新区）发改部门负责审批。

2.3.4 建立运行维护机制

针对市、区排水管理机构不全，人员力量无法满足日益增长的排水监管需求，以及小区、城中村排水设施长期处于失管失养状态，部分居民商户肆意倾倒污水、私搭乱接管道，老旧管网缺陷未能有效及时修复等问题，深圳市建立了专业化与社会化管理融合的管网运维机制。

1. 排水管理进小区

2019年，深圳在全国率先推行全市域"排水管理进小区"，将源头管网纳入专业化管理。排水管理进小区的范围包括住宅小区、商住小区、工业区、商业区、公共机构和城中村。

小区排水管网是污水收集的源头，却是过去排水管理的"缺环"。过去排水设施的维护管养仅限于市政管网系统，建筑小区内部排水管渠由产权人或其委托的物业公司管理，导致小区排水管渠专业化管理长期缺失，缺管、失养、混接错接多发，排水管理的"二元模式"割裂排水管理链条的系统性，逐渐成为实现全流域、全天候水质达标和水环境"长制久清"的最大短板，尤其是对于雨污分流管网系统，源头专业管理缺失是污水收集效能不能充分发挥的重要因素。排水管理进小区由辖区政府将小区排水管网委托区市政排水管网运营公司统一管理，让专业的排水公司把小区内部的排水管网管好用好，发挥出最大的效益，从源头上解决好水污染问题，最终实现从排水户到市政排水管渠、再到水质净化厂的排水设施全链条、全覆盖、一体化、精细化管养（图2-17）。

深圳市开展了各项工作来推行"排水管理进小区"。一是修订《深圳经济特区排水条例》，提供法律保障。采用经济特区立法形式，对上位法的部分规定进行了变通、细化，规定建筑小区的共用排水设施可以由各区政府委托专业运行管理单位负责管养，有关设施的产权关系不变。修订《深圳经济特区物业管理条例》，规定现有和新建住宅物业区域附着于共有物业符合国家标准和技术规范的供水、排水等设施设备移交相关专营单位管理养护，相关专营单位应当接收，物业服务

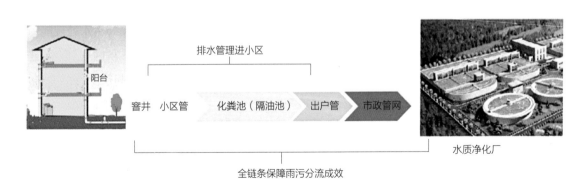

图2-17 排水管理进小区工作范围示意图

企业应当配合移交工作。二是制定实施方案,部署推进事宜。制定实施方案及7个配套文件,明确工作内容、职责分工、完成时限、经费保障等问题。三是完成专营授权,签订移交协议。区政府通过招标、招募等方式,将小区排水管网运行管理专营权授予专业排水公司;小区产权人或授权的物业管理公司与专业排水公司签订移交管理协议,将小区排水管网正式纳入排水公司的专业化排水管理范围。四是接管小区管网,做好进场工作。接管小区排水管网后,开展首次进场工作,对接管的小区管网进行检测、测绘、清疏和修复,以掌握小区详细情况,形成数字化资料。五是排水公司按照《建筑小区排水管渠运营维护质量标准》(深水污治办〔2019〕194号)要求,实施常态化、专业化管养,及时解决小区排水各类问题;开展日常巡查,纠正排水户私接乱排行为。

通过开展"排水管理进小区",改善了小区排水管网健康状况,在全国率先将小区管渠纳入排水GIS系统,实现市政+小区排水管渠全链条"一张图"管理。

2. 市政管网及设施运维

印发了《排水管网维护管理质量标准》SZDB/Z 25—2009,对排水管网、泵站等设施的维护及人员配置等均提出了明确要求。采用市场化运营的模式对管网进行运营维护。目前,原特区内4个区排水管网由深圳市水务(集团)有限公司(以下简称深圳水务集团)以特许经营方式运维,运维单价实行全成本核算。自2015年开始,原特区外各区(新区)陆续成立了区属国有排水公司,各区(新区)在市政排水管网原委托运行管理合同到期后,也全部实行特许经营,由各区(新区)排水公司全面接收管理。

2.3.5 厂网河一体统筹调度

"厂、网、河、站、池、泥"等治污设施处于系统中但又各为物理独立单元,具有显著特性:一是目标性,每个单元都会有其存在的目的,而系统最优才是流域治理的最终目标;二是相关性,各单元是相互依存、紧密联系的有机链条,相互之间功能的不匹配都会影响系统整体效能的发挥;三是系统性,单元不可孤立存在,统筹调度、协同作用才能发挥"1+1>2"的治理效果。

1. 实施流域统筹调度

为推动治水从单一功能性治理向保障水安全、防治水污染、修复水生态、提升水景观全要素治理转变,在总结"厂—网—河"全要素治理模式的基础上,于2019年成立了深圳河湾、茅洲河、龙岗河坪山河、观澜河4个流域管理中心,依托智慧水务系统,通过"水资源利用调度、污水统筹调度、防洪排涝调度"构建统一调度平台。

就污水调度而言,调度对象包括流域内水质净化厂、污水处理站、人工湿地、污水泵站、橡胶坝、截污控制闸等污水设施。调度原则以流域为单元,以水质保障为根本,聚焦全要素管理,紧扣河道水安全、水资源、水环境目标,充分利用流域内各项水务设施,进行厂、网、站、闸等设施间有效的系统联动,分标准调度,实现污水收集处理效能提升,并合理利用生态补水资源,有效改善河道水体水质。

2．厂网一体化运营管理

针对流域水环境治理的特征及难点，深圳市人民政府授权深圳水务集团在原特区内实施"厂网一体化"全要素运营管理，该模式是指以流域水质达标为目标，针对流域治理的难点，围绕"流域统筹、系统治理"的思路，对所辖流域内所有的治水设施进行统一调度和一体化管理，实现设施效能最大化利用，保证城市排水系统安全高效运转（图2-18）。

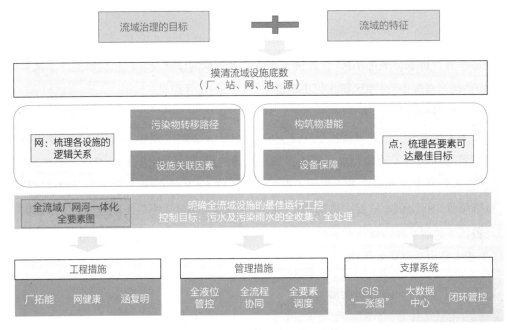

图2-18 "厂网河"一体化全要素运营管理

"厂网一体化"模式破解了过去水务设施运营管理主体不一、流域管理碎片化等问题，有效解决了原水质净化厂运行调度低效、进水量不足、进水水质不稳定、管网高水位运行等弊端。

一是绘制全要素图。以流域为单元，以河流水质目标为导向，梳理水质断面达标总目标与各要素（水质净化厂、管网、泵站、闸坝）的拓扑关系，明确各要素运行液位、处理量、水质、闸门状态等控制目标值，联合调度水质净化厂、管网、泵站、水闸等涉水要素，最大限度发挥水务设施的系统效能（图2-19）。

二是构建统一指挥调度中心。通过调度指挥中心平台，统一调度多个运营主体设施，打造"监测—预警—工单"闭环管理链条。以全要素图和GIS为基础，开发监控、分析、调度三大系统，实现厂站网河液位、水位、水质等的在线监控，并利用水力水质模型跟踪分析监测指标与河口水质达标的关系，实施流域统筹调度方案（图2-20）。

三是坚持供排水一体化，以水量平衡降水位。针对地下水、海（河）水、山水及雨水等外

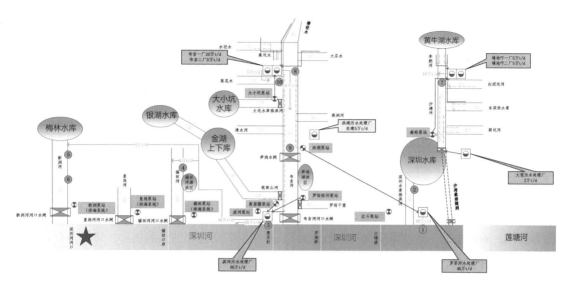

图2-19　深圳河流域全要素图

水，通过采用"供排水一体化"模式构建排水DMA分区计量系统，结合片区售水量，对比理论液位与实际液位的差值，锁定异常管网，指导外水减量和进厂污水浓度提升工作，形成以液位管控为核心的排水设施调度体系。

图2-20　指挥调度中心

2.3.6　推动共建共治共享机制建设

1."利剑行动"联合执法机制

为破解"部门分治、各自为战"的问题，通过"利剑行动"整合执法资源，采用交叉执法、跨界执法、联合执法等多种执法方式，建立了跨部门、跨层级的联动机制。

自2016年起，深圳每年开展"利剑"系列执法行动，如2020年、2021年的"利剑四号、五号行动"，"利剑行动"由市领导担任总指挥，在市政府、区政府和各相关单位成立指挥部，成员单位包括市生态环境局、科技创新委、公安局、规划和自然资源局、住房和建设局、水务局、应急管理局、市场监管局、城管和综合执法局、各区政府，及水务集团、能源集团等30余家相关单位。涉水方面的执法内容包括违法排污行为、水质净化厂进水异常溯源、出水达标排放等。5轮"利剑行动"共计整治"散乱污"企业1.47万家，查处违法违规行为7576宗，罚款7.04亿元。

2.全社会动员

全面推行河长制工作。出台《深圳市全面推行河长制实施方案》（深办〔2017〕18号），全面落实310条河流1057名四级河长责任，由市委、市政府主要负责同志担任市总河长、副总河长，并分别担任治理难度最大的茅洲河、深圳河市级河长。

创立民间河长制度，由深圳市绿源环保志愿者协会联合深圳晚报向社会公开招募深圳民间河长，截至目前全市共有民间河长150名。民间河长作为社会各界代表义务志愿参与全市水环境治理查、评、议、宣等工作，使水环境治理各项工作更加符合群众需求，更加贴近地域实际，确保各项措施落到实处。

3.破解"邻避"效应

通过深入贯彻"创新、协调、绿色、开放、共享"的理念，在设计、建设、管理全过程，推动水务设施增强生态、景观、科普功能，打造了一批精品水务工程，有效推动"邻避"转化为"邻喜"。如洪湖水质净化厂创新采用"全地下式"双层框架结构设计，下层为生产厂区，上层地面为公园，采用先进工艺技术实现"人感无臭"。并利用洪湖公园的天然优势，建设科普展厅展廊，打造"荷花+水质净化"科普基地，使污水处理设施成为一个有主题、有文化、有体验的城市公共空间（图2-21）。

图2-21　洪湖水质净化厂实景图

2.4　取得的成效

2.4.1　污水处理减排效益大幅提升

2019年实施提质增效以来，通过"强管网、收污水、挤外水、提浓度"，污水收集处理体系日趋完善，工作取得了显著成效。在排水管理进小区、老旧管网排查修复、雨污分流与正本清源查漏补缺等重点工作有序推进的基础上，2021年全年水质净化厂进水BOD$_5$收集总量与浓度增长较为明显。特别是重点攻坚的22座水质净化厂，在进水厂量未发生明显变化的情况下，收集的污染物总量及进厂污染物浓度提升尤为突出（分别提升了21.22%、25.46%）。

1．全市浓度、总量提升情况

2021年1～12月全市39座在运行水质净化厂平均进水BOD$_5$浓度119.05mg/L，同比2019年上升11.9%；进水总量19.88亿m³，同比2019年上升0.7%；BOD$_5$收集总量为23.67万t，同比2019年上升12.7%（图2-22）。

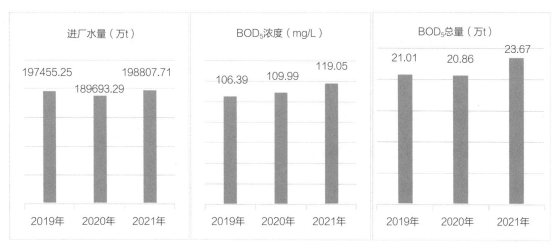

图2-22　2019～2021年全年处理水量、BOD$_5$浓度、BOD$_5$总量对比图

2．重点攻坚的22座厂提升情况

2018年或2019年平均进厂BOD$_5$浓度低于100mg/L的22座厂，2021年进厂水量为9.79亿m³，同比2019年（10.14亿m³）进厂水量减少3.38%；2021年污染物收集总量为9.19万t，同比2019年（7.58万t）进厂BOD$_5$总量增长21.22%；2021年进厂平均BOD$_5$浓度为93.86mg/L，同比2019年（74.81mg/L）进厂BOD$_5$浓度增长25.46%。

逐厂来看，22座厂进水浓度均有不同程度的提升。其中9座厂进厂浓度达到100mg/L。其余13座厂中，5座较2019年进水浓度提升幅度超30%，5座提升幅度超过10%，2座提升幅度在10%以内，1座浓度存在一定波动。

3．探索实施污水处理按效付费机制

按照中央、广东省、深圳市等有关要求，深圳市已经初步探索建立排水管网运维管理年度激励制度，将"在线监测数据可以作为考核依据"写入《深圳经济特区排水条例》中，在水质净化厂进、出水口端均安装了COD$_{Cr}$、NH$_3$-N、流量等指标监测设备，建成全国最完善、最规范和最严格的系统，为实施按效付费提供了制度和基础保障。在16座新招标的水质净化厂特许经营项目

（占市场化招标厂座数的43.2%）建立了以"处理水量+出水污染物削减+运营管理质量"相结合的综合绩效考核机制，将每月应付运营费划分为两部分，应付费用的80%与污水处理量挂钩，其余20%与主要污染物（COD_{Cr}、$NH_3\text{-}N$、TP、SS、TN）出水浓度及设施运营管理质量等绩效挂钩。计划以"一厂一目标"的方式，制定各水质净化厂年度进水污染物总量目标和对应的污染物削减总费用标准，作为每年各区管网运维管理质量考核依据。市财政根据考核结果，在市、区财政转移支付费用中予以奖励或扣减，从而鼓励各区切实加强管网建设和运维质量。

2.4.2　城市水环境持续改善

在2019年全面消除黑臭水体的基础上，持续打造了深圳湾公园、大沙河生态长廊、茅洲河碧道等水生态环境样板。2020年，深圳获评国家生态文明建设示范市，同年深圳河长制湖长制工作再次获得国务院督查激励。2021年全市五大干流及深汕赤石河国考、省考断面均达到上级考核标准，考核断面（含水库，共15个断面）优良率达到86.7%，较2020年提高20.1个百分点，310条河流优良河段由22.9%（242km）提升至50.0%（529km）（图2-23）。

2.4.3　城水相融，社会各界反响热烈

以"水清、岸畅、景美、城融"为特点，积极打造一批高品质滨水空间。如大沙河坚持"治水治产治城"理念，用更少资源、更少环境代价，通过打造碧道两岸秀美的生态环境，吸引众多

图2-23　茅洲河

图2-24 治理后的大沙河

企业在此孵化成长，一批高等院校、科研院所相继成立，高端企业陆续入驻。截至目前，南山区拥有上市企业184家、国家级高新技术企业超过4000家，形成一条独具魅力的科技创新轴。大沙河不仅成为深圳最大的滨水慢行系统、最靓丽的"城市项链"，也是展现自然风光、万物共生与城区活力的生态文明画卷，更是广东万里碧道中的最靓丽的"生态名片"（图2-24）。

2.5 经验总结

2.5.1 建立顺畅的工作机制是基本保障

顺畅的工作机制是工作科学有序推进的基本保障，以分工明确、压实责任、协调指导为原则建立工作机制。一是按照"市级统筹、分区负责"原则，在市水污染治理指挥部、市河长办的总体统筹下，各区（新区）具体负责本辖区污水处理提质增效工作。二是压实各级责任。通过逐年制定建设计划，按月跟踪督办任务完成进展来进一步压实各区责任。三是开展定期、动态的工作指导与监督。建立污水处理提质增效月度工作调度制度，以调度会为重要抓手，通报存在问题、工作进展和优秀经验，及时协调解决重要事项，统筹提质增效工作稳步推进。

2.5.2 不断提升管网的"系统性""封闭性"是根本保障

实现污水处理的提质增效，要始终把管网建设与提升管网健康水平作为第一要务，推进提质增效工作。一是紧紧扭住管网这个"牛鼻子"不放松，坚持走全面雨污分流之路，坚决偿清欠账。二是在补齐缺量的同时，对现状管网进行全面梳理调查，开展存量排水管渠隐患排查与整治。三是严格落实质量控制措施。制定管网建设通用技术标准，规范污水管网建设；利用内窥检测技术，及时进行全线检测；对管材供应、闭水试验等关键环节进行重点监管。

2.5.3 提升精细化管理水平是提质增效的长效保障

"三分建设，七分管理"，走好雨污分流之路，设施是基础，管理是核心，管理必须做到位。一是推行全市域排水管理进小区。修订《深圳经济特区物业管理条例》和《深圳经济特区排水条例》，在全国率先推行覆盖全市域的排水管理进小区。二是推动各区成立国有排水公司，全面接管建筑小区内部排水设施，开展小区首次进场"勘察、测绘、清淤、修复"四项措施，实现从排水户到水质净化厂的全链条精细化管养。三是创新涉水面源污染分类治理机制，通过分类制定整治标准规范，全面规范排水行为，从而确保涉水面源污染长效治理。四是结合流域水文特性，成立城市河流的流域管理机构，创新实行"全流域、全要素、全联动"综合管理体制。

通过近些年的水污染治理攻坚，深圳市水环境质量取得显著改善，但与中央的要求、人民的期待仍有一定差距，要建成相对完善、高效、健康、韧性的污水收集处理系统，深圳还有很多持续性工作需要开展，如持续开展老旧管网的排查修复、不断提升管网运维水平、进一步强化流域管理调度、破解厂网利益机制不统一的问题等工作仍任重道远，深圳将落实中央有关深入打好污染防治攻坚战的决策部署，实现污水处理效能从"规模增长"向"质量提升、效益提升"的"双转变、双提升"，在污水处理提质增效的工作中久久为功、不断探索。

深圳市水务局：胡嘉东　沈凌云　黄海涛　曹广德　李心立　高玉枝　曹世峰　王鹏　韩倩

深圳市生态环境局：张学凡　李水生　尹杰　厉红梅　杨凌云

深圳市城市规划设计研究院股份有限公司：任心欣　王文倩　高飞　吴亚男　赵福祥　李文静　李柯佳

中国市政工程华北设计研究总院有限公司：许可　徐慧星　王腾旭

3 苏州

苏州是闻名于世的东方水城，因水而生、因水而兴、因水而美，但水环境问题也一度让苏州"因水而忧"。苏州历来重视水环境治理，近十几年来，苏州市紧扣水安全保障和水环境提升目标，持续高强度投入，完善污水治理设施，助力韧性城市建设，建成了较为完备的污水治理体系和运维管理机制，在雨污分流、管网检查修复、排水达标区建设、尾水湿地、互联互通等方面创新举措，开展了大量基础性、前瞻性和战略性的工作，积累了一定的工作实践经验。

3.1　基本情况

3.1.1　概况

苏州位于长江三角洲中部，江苏省东南部，西枕太湖，北依长江，苏州市域总面积约8657km²，共划分10个行政区，包括张家港市、常熟市、太仓市、昆山市4个县级市，苏州市区包括吴江区、吴中区、相城区、姑苏区、工业园区和高新区（虎丘区）。苏州境内河流纵横，湖泊众多，河湖相连，各级河道2万余条，水域面积占比36.6%，形成"一江、百湖、万河"的独特水网。

3.1.2　水环境情况

自"水十条"颁布以来，苏州市2015年基本消灭城市黑臭河道，2020年基本消灭城乡黑臭河道。国省考断面水质优Ⅲ比例从2016年的64%提升至2021年的92%，地表水功能区水质达标率由"十二五"末的67.5%提高到100%，太湖（苏州片区）水质达到"十三五"以来最高水平。高标准打造太湖生态岛，吴中区金庭镇生态产品价值实现案例列入自然资源部典型案例，张家港湾生态修复实践入选联合国可持续发展优秀实践案例，常熟市、吴江区获评国家生态文明建设示范区。

苏州主城区（姑苏区全区，苏州工业园区、苏州高新区小部分区域）以河道水质改善作为污水处理终极目标，形成"厂网并举、量质并重"的水环境综合治理模式。2012年起先后实施"打造最佳城市水环境三年行动计划""苏州古城区河道水质提升行动计划"，启动"清水工程"，落实"双增一降""干河清淤""自流活水"等项目。河道各项水质指标得到明显改善，水环境保持在Ⅲ~Ⅳ类（图3-1）。

3.1.3　污水设施现状

1. 城镇生活污水厂现状

截至2021年底，苏州市已建成城镇污水处理厂84座，总规模443.4万m³/d（图3-2）。2020年底全域完成污水厂提标改造，出水全面执行高于一级A标准的"苏州特别排放限值"。2021年度，全市城镇污水处理厂处理总量12.3亿m³，污泥处理处置量约95.8万t。污水厂进水COD$_{Cr}$（部分乡

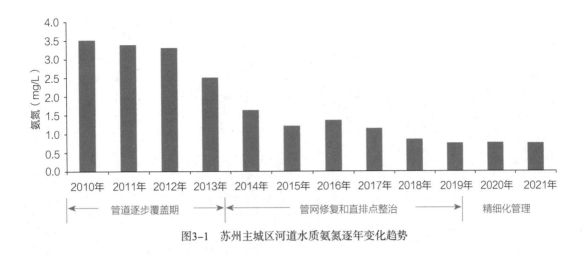

图3-1 苏州主城区河道水质氨氮逐年变化趋势

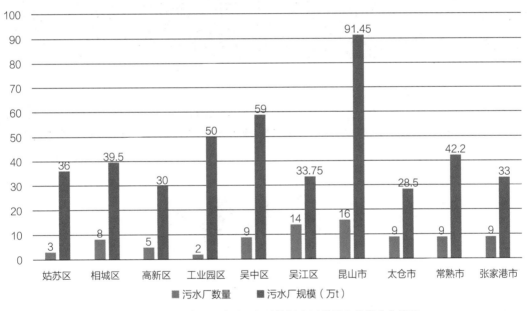

图3-2 苏州市各县级市（区）城镇污水厂数量和规模分布情况

镇厂含农村污水）平均浓度281mg/L，BOD$_5$平均浓度120mg/L，生活污水集中收集率高于90%，污水处理率99.37%。

2. 污水泵站现状

截至2021年底，苏州市已建成污水泵站672座，均采用无人值守方式运行管理。2021年苏州市制定《苏州市污水泵站（井）标准化建设技术规定（试行）》，要求以"标准化建设、安全化运行、智能化控制"为目标，分批次开展泵站建设和标准化改造（图3-3）。苏州主城区现有32座泵站，均已实现"自动运行、远传远控、区域调度"的功能（图3-4）。

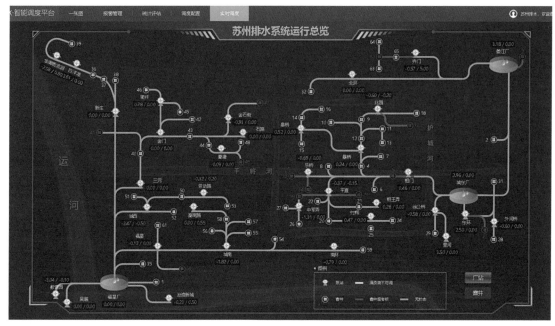

图3-3　苏州排水系统运行总览

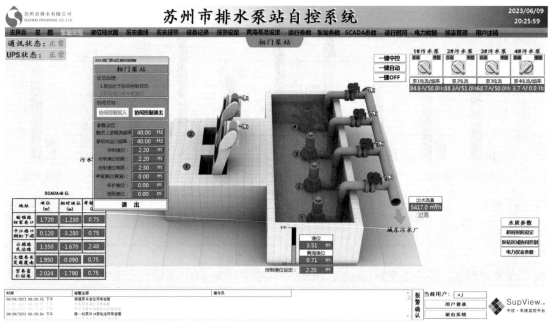

图3-4　苏州主城区污水泵站智能化运行图

3．污水管网现状

苏州全市排水体制为雨污分流制。截至2021年底，全市建成污水管道总长31982km，其中市政主管8577km，支管（含乡镇街道、小区等）23405km。按照《苏州市高质量推进城乡生活污水治理三年行动计划》的工作要求，三年内完成全市排水管网检查，"十四五"内分批开展针对管道"错接、漏接、混接"等问题的修复工作。2021年底，苏州主城区现有污水主管网280km，支管网（含街巷、小区等）1945km。2006年苏州主城区已基本实现全区雨污分流，2020年完成对全域雨污水主支末管网的全面体检，对影响水环境较大的问题点先行修复（图3-5）。

图3-5　苏州主城区管网图

3.2　主要亮点

苏州市突出水城特色，紧扣"高质量"目标，加大"创新、创先、创优"力度，以城乡生活污水的高效治理为苏州经济社会发展增添绿色动能。亮点主要为：

3.2.1　以"河道水质为中心"的目标导向机制，统领全市污水处理系统提质增效工作

苏州市确立了不断提升河道水质、打造高品质城市水环境的工作目标，并将其贯穿于污水系统提质增效工作的各个环节。全面监控河道水质，做好河道上下游水质的检测分析、河道水位和污水管网液位对比，河道上下游氨氮浓度异常升高、污水管网流量异常偏大和浓度偏淡时，及时开展溯源排查，有效控制污水入河。为解决水环境容量不足的问题，苏州高标准制定了城镇污水处理厂尾水排放的"苏州特别排放限值"。污水处理厂充分利用高压走廊、末端支河等建设尾水净化湿地。城镇建成区基本消灭污水直排点和雨水排口非雨出流，严格控制污染物入河对水环境的影响。

3.2.2 以"污水管网为核心"的工作着力点,补齐污水处理系统的短板和空白

针对污水管网系统中存在的短板,从源头收集、过程输送两处发力,综合采取"建设、普查、检测、修复、整治"等手段,实现污水"全覆盖、全收集、全输送"。印发《苏州市排水管道建设与检查修复技术规定(试行)》,在满足技术要求的前提下,选择高质量、兼顾经济性的球墨铸铁管、PE直壁管、UPVC平壁管等优质污水管材,污水检查井禁止使用砖砌工艺,推荐使用现浇钢筋混凝土井、成品钢筋混凝土井、塑料检查井等,全面提升新建污水管网质量,全面开展污水接纳现状排查及城镇控源截污专项整治行动,开展雨污水管网检测,共检测管网3.8万km,针对问题管网全面开展主支管网修复,重点整治管网渗漏和雨污混接,推进污水全收集全输送,严把源头收集关、过程输送关。

3.2.3 以"格局优化为方向"的系统化思维,构建安全高效的污水治理工程体系

坚持系统思维,遵循"网、厂、湿一根轴,水、气、泥一盘棋,市、县、镇、村一张网"的原则,建立健全"城乡统筹、布局优化、科学规范、安全高效"的城乡污水治理体系。苏州市从整体层面统一规划和总体设计:通过优化系统布局,推进污水收集系统间的互联互通,增强污水调度能力,提高突发性事件的风险防范能力和应急处置能力,提升系统运行安全、稳定性,防范化解重大环境风险,实现污水系统的可行性、可持续性和安全性发展,2018~2021年,新建27根156.9km的互联互通管道;按照"近远兼顾、城乡一体、先急后缓"的原则,优先推进环境敏感区域及人口密集、污染负荷较重区域的城乡污水治理工作,提升提质增效整体工作的可持续性。

3.2.4 以"规范高效为导向"的绩效管理理念,全面提升污水处理行业监管水平

从一体化管护(以市属或区属国资排水公司为一体化管护主体)、信息化管理、市场化监管、标准化认证等方面入手,全面加强行业监管。全面落实城乡生活污水处理设施和管网统一运行管理的要求,2018年以来,昆山市、虎丘区、吴江区、相城区、城区先后开展厂站网统一管理研究、推进、实施,以县级市(区)为单元整体推进,当前太仓市、苏州工业园区、虎丘区已基本形成城乡一体的区域排水格局。全面加强工业废水接纳管控,避免水量水质冲击和双向稀释。建立涵盖城乡污水处理设施和污水收集处理全流程的信息化系统和智慧水务监管平台。按照污水处理行业质量管理规范要求,推进污水处理企业高质量认证工作。积极推进第三方监管模式,引入第三方监测,通过绩效评估实行按效付费。

3.2.5 以"点面结合、整体推进"为策略的实施路径,打造污水治理的标杆与亮点

全市按照城乡污水治理高质量发展的总体要求,统一部署、整体推进,打造新老结合的污

水治理样板。老城区治理以苏州主城区为代表，新城区建设以工业园区为示范，树立污水系统高质量发展的标杆。苏州主城区按照生活污水"十个必接"［机关、学校、医院、浴室、美容美发、洗车店、餐饮（宾馆）、农贸市场、垃圾中转站、集中居住区（宿舍）必接］的要求，实现"管网全入户、污水全收集、管网全排查、系统全封闭"的目标，平江历史片区完成零直排区建设。工业园区通过"路网互动、城镇统筹"的方式实现"管网全覆盖、全分流"，全面保障污水处理质量。强调污水厂站与环境融合，减少"邻避效应"，最大限度降低对周边环境的影响（图3-6）。

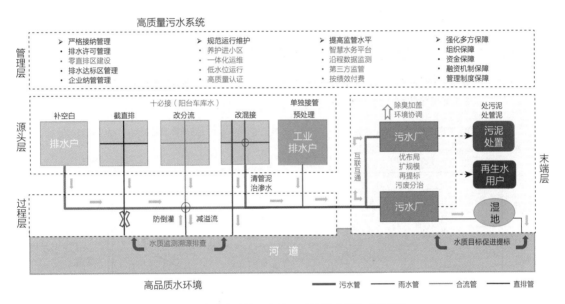

图3-6　苏州市城镇污水处理系统提质增效系统思路

3.3　典型做法

3.3.1　倒虹管的检查和修复

苏州古城已历经2500多年，基本保持着古代"水陆并行、河街相邻"的双棋盘格局、"三纵三横一环"的河道水系。通过日常河道断面水质监测数据，对水质异常点开展调查分析，重点突破，实施雨污管网检查，重点整治非雨出流和污水直排点，对管网错漏接等源头溯源整治并持续跟踪效果。对存在反复的，强化与污水运行水位相关性分析，进一步排查中发现存在污水倒虹管与河水双向渗漏的问题，直接影响河网水质。

苏州主城区重点开展倒虹管（过河管）排查和修复，通过倒虹管反闭水试验结合上下游河道水质变化，发现23根倒虹管存在27处问题点（主要为井接口渗漏），采用原位修复为主、开挖修复为辅的方式修复，每天至少减少污水漏出量1500m³。根据生态环境部门水质监测，2021年苏州主城区河道氨氮均值0.752mg/L（Ⅲ类），比2018年下降了12%，总磷均值0.122mg/L（Ⅲ类），比2018年下降了7.6%，水质Ⅲ类及以上的监测断面较2018年提高了24个百分点（图3-7）。

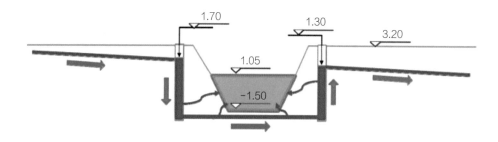

苏州城区倒虹管处污水渗漏入河风险分析示意

- 在下游水位不顶托时，虹管处内上下游水位与管道水位无关，即使管道和泵站低水位运行，但倒虹管内污水仍存在入河风险。

- 在下游水位顶托时，虹管处内上下游水位与管道水位有关，即当管道和泵站高水位运行时，倒虹管内污水入河风险增加。

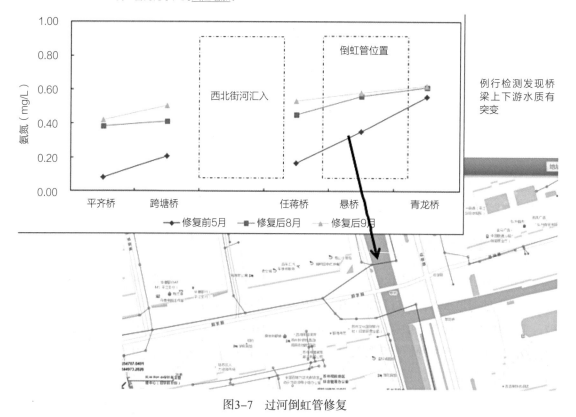

图3-7 过河倒虹管修复

3.3.2 沿河污水直排点整治

苏州河网密布，沿河店铺、餐馆和居民楼众多。因生活习惯等，一些沿河商家和居民将污水直排（倒）入河道，影响河道感官和水质。排水点大多位于建筑临河一侧，改造时污水管道需要穿越商铺或居民家庭内部，面广量大，协调难度大，部分街巷地形条件复杂，按照传统重力排水方式难以实施。苏州市水务局以"绣花功夫"开展污水接纳解决污水直排问题。

主要做法：水务局、属地街道和社区、设计等相关单位组成联合工作小组，建立联动机制，统筹落实，采用"五步工作法"（摸底排查和宣传教育、入户设计工作、排水户商定施工方案、快速高效施工、项目整理和后续处置），按照"一户一策"的方式编制整治工作方案进行整治。

以学士河为例：学士河北起中市河，南至盘门内成河，全长3.2km。河道两岸餐饮、商铺、居民集中，存在着大量的污水直排入河现象，严重污染河道水质，影响苏州河道水环境和周边居民居住环境。直排点整治项目累计铺设管道约3300m，共整治99家商户，直排点174处；60户居民，直排点146处；工程总投资256万元，彻底解决了沿河商户居民污水难收集问题，学士河周边河道水质明显改善。以此为样板项目，当年苏州主城区完成46条河道2837个沿河污水直排点整治，苏州古城区整体水环境质量得到有效改善（图3-8、图3-9）。

图3-8 学士河直排点整治实施情况

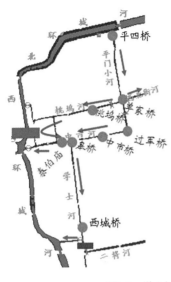

时段	日期	皋桥/上游	西城桥/下游
整治前	2018年1月	2.12	2.82
	2018年2月	1.01	1.64
	2018年3月	0.975	0.961
	2018年4月	1.71	1.53
整治后	2019年1月	0.671	0.922
	2019年2月	0.71	0.532
	2019年3月	0.231	0.297
	2019年4月	0.717	0.77
	2019年5月	0.471	0.783
	2019年6月	0.641	0.756

图3-9　学士河直排点整治前后水质对比情况（氨氮指标，单位为mg/L）

3.3.3　平江历史片区零直排区（达标区建设）

平江历史片区污水处理提质增效达标区（320508-21-02）位于古城区东北角，面积2.48km²，开展以"三消除""三整治""三提升"为主要内容的污水处理提质增效精准攻坚"333"行动，全面开展达标区内管网排查和雨污分流整治。主要做法：

（1）全面排查，摸清病灶。依托社区网格力量，逐户开展达标区建设宣传，全面完成113个小区、726家"小散乱"门店和17个公共建筑等排水户调查；通过排水户网格化调查，基本摸清区域内12条河道、68个雨水排口、212个直排口、46km市政、小区、单位内部污水管网基本情况。

（2）全盘谋划，系统实施。将363幢住宅楼887个排污点改造、78家问题排水户整治、212个直排口和40km管网的非开挖修复均纳入"一区一案"，精准施策。

（3）部门联动，保质提速。一方面，采取多部门现场办公，协调推进，提速整治进度；另一方面，依托"333"专班实现多部门联动，强化质量管控。

（4）科学管理，长效管护。项目完成后，对区域河道、排口和管网进行动态巡查，对排水设施定期养护，进一步规范排水户排水行为。平江河上下游进出水污染物浓度几乎不增加，氨氮、总磷、高锰酸盐指数及溶解氧主要指标可稳定达到Ⅲ类或优于Ⅲ类水质标准。同时此片区污水泵站进水氨氮浓度上升99%，水量下降37.8%。经过平江河零直排区示范，建成了吴江中山河、苏州山塘河等一批新"网红"景点，带动了周边观光旅游，也实现了"一河尽显姑苏之美"的愿景（图3-10、图3-11）。

图3-10 平江片区住宅楼宇阳台污水整治情况

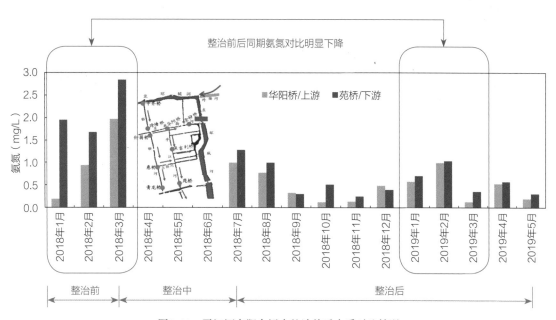

图3-11 平江河在阳台污水整治前后水质对比情况

3.3.4　厂网一体化协同调度

为进一步提高污水厂进水浓度，保障污水管网低水位运行，实现污水不外溢、外水不入渗（流），开展"厂网一体化协同"调度，实现"两增一降"，提高污水收集系统效能。

2014年率先在苏州主城区探索低水位运行模式，成效明显。2018年，依托集成化信息管理平台，开展"厂网一体化协同"调度，以"水量均衡、水质保障、水位预调"为目标，对管网运行情况进行实时评估，优化计算模型，采用水泵变频和错峰输水的策略，制定合适的调度策略，充分发挥转输泵站和污水厂进水泵房的主动调蓄功能。通过厂网统一运维管理，污水系统效能显著提升，一是处理系统处理能耗降低明显，泵站总体能耗比厂网统一管理前下降7.7%；二是进水浓度大幅增加，污染物减排明显，主城区污水厂进水COD_{Cr}浓度由2012年的平均255mg/L增加到2021年的320mg/L，COD_{Cr}削减量由2.03万t增加到3.82万t；三是解决群众急难愁盼问题，实行低水位运行后，困扰已久的龙兴桥、钮家巷等处排水不畅和污水溢流问题得到彻底解决，极大地改善了低洼地区人居环境（图3-12）。

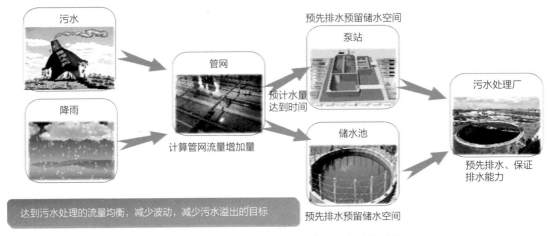

图3-12　中心城区污水系统厂网一体化运行监管系统

3.3.5　生态尾水湿地建设

在污水厂提标改造时配套建设尾水生态湿地，进一步保障污水厂尾水生态安全性，通过尾水补充河道用水，实现工程水向生态水转变。

福星污水厂生态湿地项目利用友新河、九曲港等6条5.73km的河道构建高效河道生态净化系统，分为生态补水区、水质净化区、水体修复区、水质稳定区，同时对九曲港西侧232m河道进行驳岸生态化改造，并对九曲港中段6000m²河床进行功能改造，每天处理18万m³尾水，溶解氧浓度由4.5mg/L提升至5.5mg/L，氨氮浓度由1.74mg/L下降至0.98mg/L，透明度由0.5m提升至1.2m（图3-13、图3-14）。

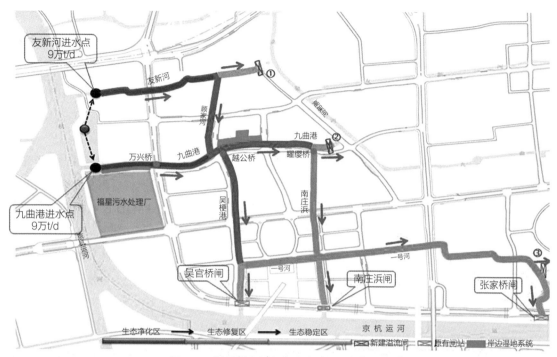

图3-13　福星污水厂生态湿地项目工艺布局图

图3-14　福星污水厂尾水湿地现场运行效果

3.3.6 排水智慧管理平台建设

苏州市结合"新基建""新城建"的相关政策要求，充分运用物联网、5G、大数据、人工智能等先进的ICT技术手段，基于排水业务实际需求，逐步实现全天候（旱季、雨季）条件下厂、站、网、河的一体化、智能化精准调度和区域水量平衡测算，实现治理提质增效，提高污水处理效率和效益。

苏州工业园区清源华衍水务智慧管理平台将2座污水厂、44座污水泵站、约800km污水管网信息集成在一起，实现从接口到排放口的全过程监控与管理。智能化生产，对污水处理工艺环节进行优化控制，依托高级仿真控制器载体，构建污水处理机理模型（ASM2D），实现污水厂各环节的模拟与预测，可避免污水厂进水水质波动大带来的风险。全系统互联互通，协同运作，通过与实验室管理系统、资产管理系统、地理信息系统、公共安全系统、ERP等系统建立接口，打通各系统间壁垒，实现污水处理厂运营管理数据互通，建立KPI运营管理系统，使整体管理水平上了一个新的台阶（图3-15）。

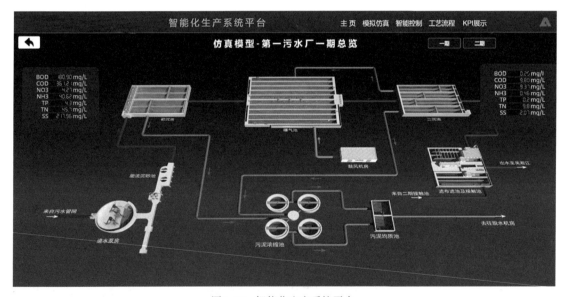

图3-15 智能化生产系统平台

3.4 机制建设

排水系统的健康状况和运行效能事关城市运行的安全和韧性，事关水环境质量的改善和提升，事关人民群众对幸福生活的向往和期盼。苏州市精准剖析当前排水系统存在的不足和问题，按照"设施一张网、管理一盘棋、事务一根轴"的目标，系统推进排水管理体制改革，为高质量建成旱天"清水绿岸、鱼翔浅底"、雨天"储雨蓄水、城市无忧"的排水系统探索和积累苏州经验。

3.4.1 完善管理机制

按照《城镇排水与污水处理条例》要求，2015年苏州市及时修订完善《苏州市排水管理条例》，建立了"统一规划、统一建设、统一运营、统一监管"的"四统一"工作模式，以更适应苏州城乡一体发展的要求。各地行政主管部门统一负责辖区日常排水监督、检查和考核等工作，负责污水处理专项规划的编制及修订，并负责污水处理设施的建设和运营的监管，建设统一的信息化平台，实现排水监管一张网。各地成立国有专业污水处理公司，统一负责区域内城镇污水处理厂、市政污水管网和泵站建设、运营和管护工作。

3.4.2 加强部门协作

多部门协作共同推进污水治理提质增效。自然资源规划部门将生活污水治理高质量发展内容纳入城市总体规划，划定污水收集处理设施建设用地，保障用地充足。发改部门及时指导建设单位做好项目立项和上级补助申请工作，负责及时调整污水处理费标准。住房城乡建设部门牵头推进海绵城市建设，充分运用海绵设施加强源头控制。生态环境部门将高质量推进生活污水治理纳入生态文明考核体系，强化督查考核。财政部门会同水务部门制定污水处理运营服务费分级定价、优质优价和惩罚性价格政策。市水务部门牵头，加强对各地工作的检查、指导、考核。

3.4.3 落实排水许可

持续推进污水治理提质增效污水源头管控，加强排水户常态化、动态化管理。按照新增排水户、存量排水户进行分类管理。新增排水户，以最终污水接纳验收为抓手，与环评和规划审批相联动（生态环境部门审批环境影响评价文件、规划部门核发建设用地规划许可证时，就建设项目排水方案征求排水行政主管部门意见），突出前置和过程管控。存量排水户通过网格化管理，掌握动态变化，定期组织"双随机"和"多部门联合专项检查"对排水户排水设施运行情况进行抽检，及时规范排水行为。不定期开展事中事后监管，加强长效管理，通过现场检查与水质抽测相结合等形式，保障排水设施安全。制定下发《城镇污水厂接纳处理工业废水管理暂行办法》和《关于进一步加强城镇污水处理厂工业废水接纳管理的通知》，将工业企业作为管控重点，以接纳评估为抓手，全面推进落实排水许可管理工作。

3.4.4 制定技术标准

以高质量发展为目标，加强规范管理，提升整体治理水平，苏州总结自身工作经验，先后出台了《苏州市城镇污水企业质量管理规范》《苏州市排水管道建设与检查修复技术规定（试行）》《苏州市城镇污水处理厂尾水湿地建设技术指南（试行）》《城镇生活污水处理管理规范》《苏州市污水泵站（井）标准化建设技术规定（试行）》等一系列技术文件，填补了国内在生活污水处理管理领域的相关标准空白。

3.4.5　保障资金投入

苏州市各级财政加大污水治理投入，市、市（区）、镇三级政府将项目建设和维护经费纳入年度财政预算，分年下达工作计划，持续加大资金支持和保障力度，确保提质增效工作有序、正常推进。为进一步调动和激励各地推进提质增效工作的主动性和积极性，苏州市级财政每年安排3亿元以奖代补资金，用于对各县级市（区）奖补。2018年以来，全市各级财政已投入近300亿元用于污水设施建设。

3.4.6　加强绩效考核

建立并不断完善苏州市城镇生活污水治理工作和排水管网养护管理考核机制。引入第三方机构跟踪检查，结合政府督查、联席会议督查和市县区交叉督查等方式，确保检查督查全覆盖、无盲区。根据《江苏省城镇污水处理工作规范化评价标准（试行）》的要求，继续完善《苏州市城镇生活污水治理工作考核办法（试行）》，加强对各地城镇排水管理工作的考核。各地因地制宜制定了绩效考核及经费核拨办法，明确各项细则，并对进水水质、低水位运行设置了具体目标值，实行出水优质优价，鼓励企业优化运行、降低出水水质浓度。

3.5　取得的成效

3.5.1　以河道水质为导向，全面提升治理效果，城市水环境持续改善

坚持系统治理，以河道水质为导向，系统性开展城乡生活污水治理。2018年，部署开展高质量推进城乡生活污水治理三年行动计划。2020年，根据江苏省统一部署，启动污水处理提质增效精准攻坚"333"行动，全市完成35座城镇污水厂新、改、扩建，新增污水处理能力110万 m^3/d，新（改）建污水管网4738km，建成28座尾水湿地，规模达125万 m^3/d，完成208个独立场站污水设施、2343个阳台车库污水收集系统、8357个"十个必接"污水收集系统、12075个重点行业污水接纳系统建设，对2047个小区实施雨污分流改造，整治消除非雨出流排口及污水直排口7789个、管网空白区15个（4.4km²），建设"零直排区"11个，整治3618个工业企业、11915个"小散乱"和877个单位（庭院）排水，基本实现了"管网全覆盖、污水全收集、尾水全提标、管理全方位"的目标，全面消灭城镇污水管网空白区。2021年污水厂主要水污染物削减总量增加14%以上，国省考断面水质优Ⅲ比例由64%提高到92%，创下"水十条"实施以来的最好成绩；苏州主城区河

道水质得到全面提升，53个监测断面平均水质优Ⅲ比例达88%。以河长制促进河长治，在全市消除城乡黑臭河道的基础上，已建成387条生态美丽河道。

3.5.2 以进出水浓度为靶向，全面提升系统效能，污水处理减排效益大幅提升

2018年以来，全市已完成雨污管网检测3.8万多千米，对发现问题点分批次开展修复，已修复问题点5.4万多处，累计完成投资13亿元，管网运行效能凸显，污水厂进水浓度显著提升；完成84座城镇污水厂提标改造，污水厂出水水质高于"国标""省标"的"苏州特别排放限值"尾水排放标准；在供水量基本持平的情况下，通过强化"挤外水，收污水"，进厂污水浓度和污水处理量同步提升，2021年全市污水处理量12.3亿m³，较2018年增加12%，污水厂进水（部分乡镇厂含农村污水）平均浓度COD_{Cr} 281mg/L、BOD_5 120mg/L、氨氮27.22mg/L、总磷3.96mg/L、出水浓度COD_{Cr} 16.4mg/L、BOD_5 4.56mg/L、氨氮0.31mg/L、总磷0.10mg/L，去除率分别达94.2%、96.2%、98.9%、97.8%，全年累计削减COD_{Cr} 36万t、氨氮3.4万t、总磷0.52万t、总氮3.6万t，分别较2018年增加16%、30%、20%和38%，3.65亿t污水厂出水经湿地生态化处理后补充景观河道，改善河道环境治理，实现尾水高效利用，有效节约了优质水资源。

3.5.3 以达标区建设为抓手，全面提升整治成效，社会公益效应凸显

坚持"抓两头，促中间"，以城市建成区为重点，城市、乡镇同步推进。以"污水处理提质增效达标区"建设为抓手，建立"市、区、镇分级监管"的第三方评估验收机制，做到"建成一个、验收一个、合格一个"；强化精品意识，以江南水乡古镇为突破口，遴选甪直、周庄、千灯、锦溪、沙溪、同里、震泽等16个江南水乡古镇，通过污水处理提质增效达标区建设提升古镇周边水环境质量，打造"水韵沙溪""水美锦溪""水乡客厅"等品牌，让水乡水城更负盛名。2021年底全市已建成城市排水达标区180个，共579.9km²；乡镇达标区298个，共457.01km²。通过达标区建设，提高污水治理显示度，打造昆山严家角河、吴江中山河、姑苏区平江河、姑苏九曲港等一批清澈见底的美丽清水河道。苏州市本级、张家港市、常熟市、昆山市先后入选"江苏省城镇污水处理提质增效示范城市"，污水处理提质增效实事项目获评2021年"苏州十大民心工程"，"用苏绣功夫控源截污，推进污水治理提质增效"得到了住房城乡建设部的认可和推荐。

苏州市经过多轮污水治理实践，城市水环境总体质量有了较大的改善，但距离达到人民群众的新要求和新期盼仍有一定的差距。目前苏州水环境治理已经从以提升水质为主要目标的2.0阶段进入以"提高颜值"为主要目标的3.0时代，水环境治理追求的不仅是实验室测出达到了Ⅱ～Ⅲ类水标准，更要让人民群众一眼看上去就能感知到是Ⅱ～Ⅲ类水的水平。

从近些年开展的提质增效工作中我们深深认识到，治河截污要从源头抓起，从根源上破除治水难题，不能过度追求表象，否则治标不治本。治水要有耐心、有信心，更要有毅力，要树立久久为功意识，各级部门要有"功成不必在我"的胸怀境界，更要有"功成必定有我"的历

史担当。从"重建轻管"转向"建管并重",注重长效管理机制建设,确保河道"长制久清"、管网稳定运行。从"就水论水"转变为系统治理,水岸同步,有条不紊地实施各项改造任务。加强部门协调,在整治实践中,成立多部门参与的工作小组,建立起各司其职、齐抓共管的工作格局。

随着水环境治理工作的深入推进,"体制不健全"所带来的"建管不同步、维护不到位、成效不理想"等排水问题逐渐显现,对建设韧性城市、打造高品质水环境也产生了一定影响。下一步,苏州将以"提高系统效率"为目标,按照"理顺建管体系、做强专业企业、优化绩效考核"的思路,全面推进全市排水体制改革,为排水提质增效探索做法、积累经验。

编写:苏州市水务局

4 常州

4.1 基本情况

4.1.1 中心城区概况

常州市位于江苏省南部，长三角中心地带，北携长江，南衔太湖，与南京、上海等距相望，是一座拥有2500多年悠久历史的国家历史文化名城，也是近代工业发祥地、现代装备制造业基地、科教名城。常州市现辖1个县级市和5个行政区，总面积4385km²，常住人口527万人。常州中心城区为原常州市市区范围（不含武进区），主要包括原天宁区、原钟楼区、原戚墅堰区及原新北区沪蓉高速、德胜河、G346以南区域。

常州地貌类型属高沙平原，山丘、平圩兼有。中部和东部为宽广的平原、圩区。中心城区境内海拔一般为青岛标高3~6m，低洼区2m左右。市区水系具有平原河网的主要特点：骨干河道互相连通，构成网络；落差很小，水流滞缓；流量小，水环境容量不大。运河常州站多年平均水位1.48m，警戒水位2.40m，历史最高水位3.69m（1931年7月25日）。近年平均水位已达1.60m。市区地下水资源较丰富。第四系孔隙水是本地区主要开发利用的地下水资源，其中潜水含水层，一般在地表以下2~10m内。市区属亚热带季风性湿润气候区，雨量充沛，平均每年有台风2~3次。多年平均降水为1037~1164mm，在6、7月时多有梅雨发生。降水量年际变化差异很大，年最大面平均雨量为1991年的1888.5mm，最小值为1978年的639mm。

4.1.2 污水设施现状

1. 管网现状

常州城区现状污水管网建设相对比较完备，现状污水管网总长度约1220km，其中建成区污水管网635km。污水干管基本实现全覆盖，已形成龙江路、长江路、黄河路、青洋路、中吴大道等污水输送主通道。

（1）龙江路已建成DN1350~1650污水主干管，通过凌家塘、平岗、王家塘、汤家桥4座区域型污水提升泵站，多级提升，进江边污水处理厂。

（2）长江路建成DN1350~1650污水主干管，其中黄河路至江边污水厂建成DN2000~3000污水复线，沿线设置三堡街、多棱桥、惠家塘、新龙4座区域型污水提升泵站，多级提升，进江边污水处理厂。

（3）青洋路、黄河路建成DN1650污水主干管，通过雕庄、青龙、黄河路污水泵站，多级提升，接入长江路污水主线，进惠家塘污水泵站。

（4）晋陵路、巫山路建成DN1200~2000污水主干管，收集城中核心区及青龙片区污水进城北污水处理厂。

（5）中吴大道、五一路分别建成DN1200污水主干管，收集东南片区，原戚墅堰片区污水进戚墅堰污水处理厂。

为保障长江路、龙江路两大污水干线系统安全运行，现状已建成勤业路DN1000、科勒路DN1650两个主要连通管（图4-1、图4-2）。

2. 泵站现状

常州现状主要污水泵站约63座，总规模为$3.026 \times 10^6 t/d$，区域型提升、调度泵站主要有平岗、空港、王家塘、汤家桥、三堡街、多棱桥、惠家塘、雕庄、青龙、黄河路等。

为平衡水量，保障污水系统安全高效运行，部分现状污水泵站可双向出水，灵活调配水量，实现城区4座污水处理厂联网调度。

同安桥、朝阳泵站双向出水，进城北污水厂或

图4-1 污水管网现状图

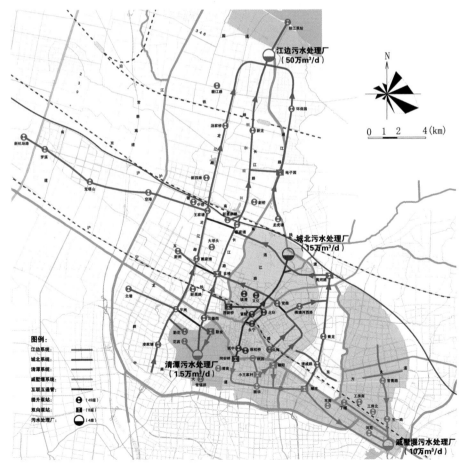

图4-2 污水管网互联互通示意图

戚墅堰污水厂系统；雕庄泵站双向出水，进江边污水厂或戚墅堰污水厂系统；多棱桥泵站双向出水，进城北污水厂或江边污水厂系统；黄河路泵站出水可选择直接进城北污水厂，或进江边污水处理厂系统（表4-1）。

主要污水泵站统计一览表（单位：万t/d）　　　　　表4-1

序号	名称	设计规模	2021年实际出水量	
			日均	最高月日均
1	王家塘	15.0	6.0	8.8
2	惠家塘	15.0	8.3	11.0
3	新惠家塘	20.0	13.4	17.9
4	汤家桥	15.0	5.6	8.3
5	新龙	15.0	11.7	15.2
6	黄河路	15.0	6.9	9.1
7	青龙	12.0	4.0	5.1
8	湾戚路	2.5	0.4	0.6
9	雕庄（江）	5.0	3.1	4.1
10	雕庄（戚）	5.0	5.1	5.9
11	丽华	7.0	4.5	5.4
12	小王家村	3.0	1.5	2.6
13	同安	2.0	1.1	1.5
14	清南	2.0	0.3	0.5
15	横塘河西	5.0	0.3	0.6
16	东南	3.0	0.1	0.2
17	常柴	5.0	5.4	6.2
18	北环	5.0	0.0	0.0
19	永宁	3.0	0.8	0.9
20	县北新村	0.5	0.1	0.2
21	关河	3.0	0.6	1.0
22	横荡浜	1.0	0.1	0.1
23	朝阳	5.0	0.6	0.9
24	张家浜	2.0	0.5	0.7

序号	名称	设计规模	2021年实际出水量	
			日均	最高月日均
25	晋陵	4.0	2.7	3.6
26	城中	2.0	1.3	2.0
27	琢初桥	1.0	0.2	0.3
28	桃园	2.0	0.3	0.5
29	镇澄西	1.5	1.0	1.8
30	西新桥	2.0	1.0	1.3
31	机械新村	0.1	0.1	0.2
32	多棱	15.0	7.4	8.9
33	三堡街	8.0	4.2	5.0
34	勤业	2.0	0.3	0.4
35	勤花	1.0	0.6	0.7
36	花园	0.5	0.6	1.1
37	常锡路	3.0	0.7	0.8
38	戴家塘	2.0	0.7	1.0
39	新闸	2.5	0.2	0.3
40	新昌	2.0	1.0	1.3
41	平岗	15.0	6.5	8.5
42	凌家塘	6.5	1.8	2.6
43	北港	4.0	0.8	1.3
44	大坝头	1.0	0.2	0.3
45	泰山	1.0	0.4	0.6
46	世茂香槟	1.0	0.5	0.7
47	中巷	5.0	1.7	1.8
48	空港	8.0	1.4	1.6
49	宝塔山	6.0	1.4	1.6
50	罗溪	3.0	0.6	0.9
51	机场路	1.0	0.3	0.6
52	新桥	5.0	1.3	1.4

续表

序号	名称	设计规模	2021年实际出水量	
			日均	最高月日均
53	新四路	5.0	0.4	0.5
54	圩塘	1.5	0.3	0.5
55	环保园	1.5	0.6	0.8
56	电子园	8.0	2.0	2.5
57	龙虎塘	2.0	0.7	0.9
58	五一	6.0	1.3	1.5
59	常青	5.0	1.1	1.2
60	丁堰	1.5	0.0	0.0
61	机场河	0.3	0.1	0.2
62	公房南区	0.3	0.1	0.1
63	河苑	1.5	0.5	0.5

3. 污水厂现状

截至2021年底，中心城区城市污水处理厂主要有四座，分别为排水江边污水处理厂、深水江边污水处理厂、城北污水处理厂和戚墅堰污水处理厂，总污水处理能力7.45×10^5t/d，与2018年相比，中心城区污水处理能力、实际污水处理量和进水COD浓度分别提升了26.8%、14.7%和28.5%（图4-3）。

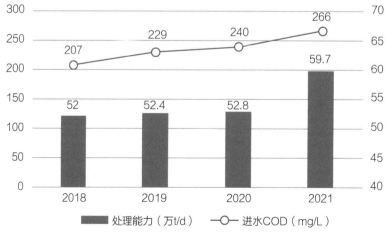

图4-3 中心城区污水处理能力和进水浓度变化情况

4.2 典型做法

4.2.1 源头排查，摸清底数

1. 存在问题及原因分析

经持续多年努力，市政雨污水管网发生直接错混接的情况较少，但部分系统仍存在异常水量、晴雨水量比例较大的情况，仅通过日常巡查观察已无法高效、精准发现存在的缺陷问题和引发的时空条件。常州市尝试开展委托第三方开展排查，发现一些市场单位排查业务开展缺乏技术理论和运行经验支撑，主要排查手段停留在CCTV检测层面，提交成果缺乏系统性、完整性，问题发现不全面、不彻底，资金绩效不高。常州市早期排查重点为市政主管网，对居住小区和单位庭院、公建等排水户的管网的排查不足。不断提高污水收集系统效能，长久高效管控外水入侵，保持全系统低水位运行成果需持续发力。

分析原因，排查治理质量和效果受到以下几方面影响。一是管理体制不顺，排水管网分属市、区、街道（乡镇）多级管理，各自为政，排查系统性被割裂。二是排查责任由属地政府承担，简单采取"层层下压"方式推进，导致具体实施单位为完成任务而完成任务，对排查质量不管不控。三是排查条件不具备，管网长期高水位、空间无冗余，检测无能为力、排查无法见底。四是排查单位能力、诚实守信素养参差不齐，市场成熟度不高、考核困难，实施单位缺少人员队伍和专业能力，牵头组织能力与考核目标要求不匹配。五是一些缺陷问题隐蔽，特别是系统性问题判定难，加之环境条件影响下难以察觉，定性、定量、定位的技术要求高，排查发现难度大。

2. 常州做法

（1）建立一体化管理模式。排水管网由排水管理机构（市排水管理处）统一管理，按照"三定方案"规定，市排水管理处承担市区范围内生活污水（含部分工业废水）处理和雨污水设施规划、建设、运行、监管的辅助性、技术性工作。设14个内设机构，包括前期技术、工程管理、源头管理、运行管理、污水厂、管网泵站、水质监测、中水管理等覆盖"规建管养""源网厂河"全业务环节的科室部门。配置事业编制190名。建立了"源网厂河"一体、责权一体的管理模式。雨水污水同管，发现和解决问题高效。通过厂站反馈，及时发现可能导致管网运行高液位、污水厂进水浓度偏低的症结问题。精准指导源头排查、摸清底数工作质量提升。作为责任单位算好社会账、环境账和经济账，统筹考虑市民利益、水体环境和污水处理厂效益，将各环节做到最优才能更好兼顾各方利益。

（2）专业机构负责排查。主要市政污水管网均已移交市排水管理处进行管养，资金由污水处理费进行保障。提质增效排查任务由排水管理机构牵头组织实施、系统布局部署，核心环节、质量管控均由市排水管理处专业技术人员承担。早期自主实施排查检测，在形成管理流程和标准后，采取购买服务形式委托第三方服务。对于居住小区内部管网，逐步开展"养护进小区"工作。在小区养护资金方面，当前由工程资金保障，重点解决小区失管失养和雨污混接对水环境、污水处理系统提质增效的影响问题，后期由财政保障。涉及整改维修的，原则上由产权单位负责。

（3）具备良好的排查基础条件。在规划建设质量较高的基础上，实现低水位运行，通过互联互通工程为区域性排查检测提供有利条件。摸清家底具备物理环境和条件。涉及大型主干管的排查检测，系统配合通过厂站调度实现，与施工单位共同推进，掌握一线情况。

（4）高水平排查管理。在排查检测环节，方案须报排水管理处审核；重大、难点区域排查，由排水管理部门专业人员主导方案编制，并在现场做好协调、监督和安全管理工作。排水管理处人员对所有视频进行真实性、技术标准符合性、流程规范性审核，对不合格视频进行退回，所有检测报告均由排水管理处编写，由部门负责人随机抽检；形成对检测单位的考核机制，通过任务分配、按约扣罚实现奖优罚劣。

（5）重视研究和技术创新。针对排查、检测技术和装备能力，进行总结分析，掌握不同方法的适用条件和优缺点。开展多项检测监测分析技术的联用、联合分析探索试验，如管网监测分析、正向、反向抬升试验等。不断突破检测复核技术瓶颈限制，使检测排查能力与丰富的达标区建设目标相匹配。

（6）起步较早、循序渐进。"排查"的广义概念应包括日常一系列巡查检查活动。常州市很早就在管网养护中提出养护工作与问题排查、异常水量发现相结合，目的在于充分发挥一线养护工人熟悉管网、巡视养护过程中对异常情况敏感度高的优势，及时发现问题，因此积累了大量经验。不少缺陷问题在多年前就通过排查掌握。另外，2011年即发文推行数字化检测技术，在养护、管网验收、管道维修探查等工作环节得以较早使用。因此，全部污水管网的排查检测5～10年一遍是在多年排查工作持续开展的基础上高质量完成的。

（7）排查实现"三全"。工作开展遵循"建立机制、全面覆盖、常态动态"的原则，发挥源网管理协同、技术支撑和排查能力优势，实现全系统排查目标。通过空间、时间和类型"三个全覆盖"为摸清底数目标提供了有力保障。

1）空间全覆盖

机构内部建立管网运维与源头监管协同机制，排查覆盖市政道路、居住小区、排水户（企事业单位）、"小散乱"整治对象、施工工地等，实现源头"最后百米"到污水厂进水系统的"空间全覆盖"，确保源头与市政同步，成果清晰、成效最优。

2）时间全覆盖

市政管网落实5～10年周期性排查制度要求，建立长效动态检查和专项检测工程相结合的排查模式，实现贯穿管网运行生命周期的"时间全覆盖"。既有平时"点滴积累"，发现和解决常见问题，又能集中力量开展"批量化、高效化"的系统性体检。

3）类型全覆盖

针对道路重力管、过河倒虹管、出水压力管和源头小口径管，根据不同技术条件实施专项分类排查，实现"类型全覆盖"，有效避免"木桶效应"，并通过技术和装备资源精准配置，实现组织效能最优。

以结果为导向的专门排查，异常问题得以迅速被发现，实施即查即改，对新增量"动态清零"。通过常态化开展周期性排查检测，对发现的既有缺陷制定修复、跟踪计划，不断"去存量"。一系列源头排查工作不仅为排水管理工作提升发挥作用，也为地方政府、属地生态环境等部门开展系统性整治提供了有力的专业支撑，为条线与板块互动、形成合力打下了良好基础。

4.2.2 系统施策、统筹治理

系统施治按"一总两优三策"路线推进，"一总"指在系统规划建设方面实施"大分流、小截流，截流系统与河道物理隔离，空间换取时间、适时换挡进阶"的总体战略。"两优"指在整治方面坚持"雨污分流优先"和"源头治理优先"的基本原则不动摇。"三策"指一厂一策一人、一站一策一人、一河一策一人的管理单元提升策略。

1. 存在问题及原因分析

一些设计单位编制的"一厂一策"针对性不强，手段局限于设计、施工等工程手段，系统治理、全局视野不足，重投入、轻绩效。按既有管网运维标准开展设施养护工作的效益不高，问题解决停留在保障通畅等基础性要求。源头（小区、企业）问题始终处于动态变化中，社会对排水行业关注少、知识了解少，规范排水行为的难度大、效率低，耗费资源多，形成主动依规排水、文明排水意识的社会基础薄弱。

分析原因，一是未充分结合系统规划和建设特点、设施能力情况进行系统调查研究，发挥既有设施效能工作不深入。二是未根据泵站类型规模、系统运行条件和环境不同，结合污水厂进水浓度影响程度，对各泵站系统的运行规律分析不足，未能提出管理调控上可落实手段。三是由于涉及不同条线、板块、行业，点多、面广、量大，需要妥善处理合规性和经济发展的问题，一些矛盾复杂、综合协调解决难度大。

2. 常州做法

（1）高水平规划，引领事业发展。注重专业性、科学性、系统性、前瞻性，始终坚持城市排水规划方案编制由排水专业主导。"多规合一、适度超前"，实现城市总体规划、排水专项规划、土地规划衔接兼容，污水设施用地指标通过规划保障落实。污水厂、管网、泵站适度超前建设，污水处理厂负荷率控制在70%~80%，非汛期管网冗余度保持约50%。常州市从城市安全和排水系统安全的高度出发，于2001年在全国率先实施厂站网"互联互通"工程，极大增强了排水系统安全可靠性和面对突发状况的应急能力，提升了管网冗余度。坚持泥水并重，2004年实现污水厂污泥全量焚烧，2021年2座既有通沟污泥处理站完全满足日常养护和各类专项排查工作所需。

（2）实行"厂站网源"一体、权责一体的运行管理模式。建立污水处理厂、泵站、管网系统运行、联调联控机制，源头加强精细化管理。通过对水量、液位、水质等工艺运行参数的信息共享、协同分析，充分利用管网、泵站、污水厂冗余，加强水量调控。同时通过各环节水质水量信息的反馈，加强研究分析，梳理重点单元系统，为有针对性制定策略方案进行精准导向。权责一体方面，自排水管理处成立之日起，三定方案即明确"规划、建设、运行、管理、收费"的职能，各环节的职权、责任均由排水管理处承担。对外管理方面，涉及排水户、居住小区等源头排放单位，以及各有关部门、辖市区、属地街道乡镇等，一方面按照排水条例、排水许可管理办法等依法依规开展工作；另一方面在市政府、上级主管部门的支持下，积极协调各方面，为有关工作顺利开展取得实效创造良好条件。涉及管辖范围内的涉水问题，市政府、主管局均要求排水管理处牵头负责处理解决，责任明晰。

（3）因地制宜、科学制定"一厂一策"。对市区污水收集、处理系统现状进行全面梳理、分析及评估，因地制宜、科学制定"一厂一策"整治方案。根据污水处理厂的定位，依托"收污水""治雨水""挤外水""强管理"四个方面的治理策略，采取污水厂提标改造、主管网排查整治、截流系统排查整治、"小散乱"联合整治等工程措施，以及建立水位协调调度制度、强化老旧小区管网管理、完善排水管网周期性检测机制等非工程措施（即管理及保障措施），加深、加快污水收集系统整治，进一步提升城镇污水收集处理综合水平。

【案例】"一厂一策"编制要点

1. 戚墅堰污水处理厂

该厂主要收集处理生活污水。污水收集系统的整治主要依托强化"收污水""治雨水""挤外水""强管理"四个方面的工作，实现收集污水质量和污水处理效能提升的目的。

围绕区域范围综合整治、主管网排查及整治和外水排查及整治等整治方案，通过采用雨水直排口封堵、合流制污水分流改造、截流系统建设、雨水调蓄池建设、管网错混接整治、管网结构性缺陷修复、管道清淤检测、外水专项整治及外水排查检测体系等措施，加快补齐城镇污水收集短板，稳步提升污水厂进水浓度。

2. 江边一、二期污水处理厂

该厂除接收生活污水外，也接收少量的工业废水。废水涉及纺织印染、电子光伏、化工制药、食品、机械加工等多个行业。

江边一、二期受接管工业废水的影响，需结合常州远期规划及城市发展的需求，联合政府领导下的专项行动的实施，循序推进工业企业的排水整治。在加快管网收水系统修复完善的同时，辅以管理措施保障，综合促进江边一、二期收水系统水质提升。

（4）加强管网运维管理。实施动态治理混接，排查治理缺陷，对一线养护人员进行引导培训，设立奖励机制。建立科学（按需）养护机制，精准配置资源力量，在日常管理工作中动态消除增量，逐步清理存量。

（5）源头管理，坚持雨污分流优先、截流为辅。常州市1993年介入小区排水管网建设监督管理验收，逐步形成从地块出让到居住小区验收交付的全过程管理模式；2008年会同规划、环保、房管等部门发文对阳台雨污分流做出明确规定，并在2012年、2015年根据房地产行业发展和楼宇房型变化情况做出了适时更新；2006年和2016年分别对多批老旧小区进行了分流改造或混接治理；2018年至今，坚持开展老旧小区排查治理工程，加强与属地政府部门协作，开展排水知识宣传，通过公益活动提升市民关注度，利用设施标识标记将雨污分流理念引入百姓生活。针对排水户，建立起"许可+合同"的管理模式，在雨污分流、清污分离、管网质量、出水达标、废液处置等方面构建起全方位的管理体系，确保问题在起始端得到管控。

3. 多策略支撑

在实际工作中发现，即便是在上述工作持续开展的条件下，老旧小区分流不彻底、动态混接始终存在，工业企业在"回头看"时仍可发现新增混接或管网质量的问题。

经综合研判，影响常州市当前提质增效目标工作的主要为截流系统、老旧小区源头方面存在的系列问题。应当确定攻坚重点区域、泵站以及管段，梳理确定优先解决清单，排定近期和长期治理计划。因此，需要实施"一站一策一人、一河一策一人"共同支撑的"一厂一策"。特别是要加强管网系统运行分析研究和调控管理。针对雨水、河水、自来水、地下水等外水问题，按泵站、河道确定专门人员开展大量历史数据的收集与分析工作。持续分析液位、流量、水质、负荷的变化影响规律。通过运行调控措施和工程措施，从系统上高效促进污水处理厂进水浓度提高。

一站一策一人，推进截流泵站优化运行控制模式。选取了典型截流系统，落实专人责任制，通过历年资料解析运行规律，按照收集区域范围、河道水位、河道敏感度设置控制策略。构建以水质水量液位在线监测仪表为感知基础的远程实时监控系统，实现科学运行策略的自动化运行，使截流泵站在持续发挥保障水环境质量作用的同时，减少截流系统对污水处理厂进水水质浓度的影响。

一河一策一人，推进截流管网专项"挤外水"。通过泵站运行分析反馈，按照系统重要性、水量水质影响程度等，制定优先排查计划，专人负责截流管网的排查，在深入了解掌握原有设施建设条件、施工工艺和河道河岸自然条件的基础上，制定个性化排查方案，综合多种手段方法高效实施排查，减少河水入渗对截流系统的影响。

同时，继续坚持加强源头管理，对不同时期建设的居住小区、排水户、单位庭院以及"小散乱"等排水管网和工业企业水质进行系统管控。落实自建管网分流，建设期进行质量监督和验收，运行期开展监督检查、晴雨对比分析，督促分流整改到位。

4．挤外水

（1）存在问题及分析

1）途径多样、点位隐蔽。常州地处江南平原河网地区，经济建设发展较快，各类外水进入管道的途径多且隐蔽、时空条件复杂、表征多变，CCTV检视可见缺陷只是其中一小部分，大量的外水发生在无形处，发生时无声息。需要从根本上认识"挤外水"工作的重要意义，激发工作主动性、积极性，才能将该项工作做实做细、取得实效，管网低水位才能实现。

2）难度大、要求高。工作开展初期，常州市尚无完善成熟的工作体系和方案，需在大量研究和实践经验积累的基础上，因地制宜制定管理和技术路线。另外，"挤外水"工作中所发现的缺陷问题治理难度大，需要工程措施与运行调控措施协同方能取得较好效果。非专业机构无法达到上述工作的专业性和标准要求。

（2）常州做法

降低污水厂进水浓度的各类外水，不仅影响了厂内处理效能，更为突出的问题是，挤占了污水收集和处理系统的资源和空间，引发一系列问题。具体包括侵占管网输送能力、污水厂处理能力，增加运行费用；本应收集输送污水的空间被侵占，导致污水冒溢溢流的情形，损害了水环境和城市卫生。雨天对污水处理厂形成的冲击负荷影响污水厂平稳运行，"外水"给行业和城市带来的损害难以用经济数字衡量。

充分认识"挤外水"的重要意义，按照住房城乡建设部污水处理提质增效工作要求，深入理解工作目标内涵和长远意义。从基层管理和运行实践上深刻认识该决策的科学性、正确性，避免将"挤外水"等同于"查找错混接"、理解片面单一的情况发生。

系统开展"挤外水"工作，通过建立指标，责权利统一，多环节协同，并以"三多三定"搭建起立体化、全方位的"挤外水"长效治理格局。"三多"指多项类型、多元技术、多种手段，"三定"指外水排查技术分析环节实现"定性、定位、定量"的目标。

1）建立挤外水分析指标

具体包括污水厂进水浓度、泵站进水浓度、污水厂和泵站晴雨负荷比率、区域污染物负荷、供排水量比例、管网（泵站）低液位时长与比例（晴天）、河道液位影响因素、挤出外水量（包括可计量和不可计量部分）等，以指标定量的方式来指导、评估和衡量"挤外水"工作开展。比如长期开展污水厂、泵站收集区域晴雨负荷对比分析，针对可观察的外水管流渗漏量进行分类测算，方便在排查过程中进行定量观测记录等。

2）责权利统一、多环节协同

从城市发展和运行保障角度，从社会、环境和经济效益角度，从行业和污水系统自身健康角度，高度重视"挤外水"工作，工作自主性强、动力足。充分发挥"源厂网河"一体管理优势，从源头（许可管理）、管网、泵站、污水厂和河道水环境等多个环节，齐头并进、齐抓共管，各有关科室（部门）绩效同挤外水水量、污水厂进水浓度提升挂钩，形成了考核压力。

3）建立"三多三定"工作模式

多项类型，针对外水进行研究分型，工作开展做到既全面覆盖又突出重点。外水主要类型包括河水、雨水、自来水、施工排水、地下水和清下水六种类型。根据分型特点，选择合适的技术管理手段，高效排查治理。

多元技术，在使用包括人工排查、管道设施仪器探查、水质水量液位监测分析等多元技术方法的基础上，开展流量对比测算、分系统核算、晴雨对比分析、多运行模式分析，确定源头、水质、水量、位置等信息，实现定性、定量、定位的"三定"目标，支撑科学精准制定治理、调控策略。

多种手段，包括行政管理、协同调控、工程治理等手段。行政管理依据排水条例和排水许可管理规定的要求，对源头外水进入问题进行行政检查、行政指导，必要时通过责令整改方式落实源头雨污分流制度。协同调控，通过雨污"四同"（管网养护同管、同养、同查、同治）、供水排水联动（供水漏点维修、水量核算）、河道液位联控（水利和排水联控，部分排水自控）、企业单位联动（清下水、施工水治理）等多部门多单位协同，协调调动各方积极因素，合力推进"挤外水"不断取得新成果。工程治理指在开展技术分析研究的基础上，使用整治修复、更新改造等工程措施挤出外水。

多种手段中，雨污同管同养同查同治是关键一环，在污水收集处理系统规划、建设专项的前期工作中，就将雨水管网建设提升一并纳入视野，系统施治有了"蓝图"保障。"四同"模式下，排水管网问题缺陷的排查整治责任清晰，发现处理高效快速，将污水系统增效、防汛排涝安全和水体环境获益三个目标相统一，有效避免不同主体管理体制形成的条件障碍。

据不完全统计，2019至2021年累计减少外水总量1.64×10^7 t，平均每天减少约1.5×10^4 t（总处理水量的2.5%），排查治理各类缺陷和外水点位共410处。上述成效尚不包括难以计量的雨水，以及在部分因河水进入形成的高液位区段通过治理挤出的外水水量。实际挤出水量高于上述统计数值。

针对排查发现的源头问题，始终坚持"两优先"。通过系统排查、时空分析、量质测算、效益评估，综合确定解决方案，有效避免"见口就截、见水就截"。注重在不同时间、不同阶段解决不同的突出问题。随着工作的开展深入，水环境实现改善并长久保持，消除系统性问题为有效开展源头治理打下了良好基础。当前，常州市政策、社会、经济环境条件已能满足系统性、源头治理的需要，早期建设的一些末端治理设施正逐步停运废止。在"一总"战略指引下，实现换挡进阶，从末端截流转向全面源头治理阶段，从市政管网排查向水利箱涵、零星合流管道等雨水设施的排查整治阶段转换。

4.2.3 工程改造及修复

1. 工程建设（改造）管理

工程建设（改造）方面依托"多位一体""规建管养一体"优势，突出排水管理机构作为建设、业主单位在参建五方责任主体中的核心位置，落实牵头责任要求，使内生动力和外在要求相统一。实现"勘察设计能主导、质量监督获授权、移交接收可管控、验收运维可反馈"的排水设施建设管理模式。

（1）勘察设计阶段

将勘察纳入施工管理，解决勘察要求粗、管道勘察密度偏低的情况。通过勘查加密加细，少量的费用增加换来提高工程质量和延长使用寿命的显著效益。制定《排水管道规划审查管理办法》（常排处〔2013〕第52号）、《设计图纸审核管理办法》（常排处〔2013〕第55号），确保上级政策、技术标准要求落实到规划、设计文本图纸中。对其他建设主体项目进行专业审图，落实诸如使用优质材料的要求。2014年在全国首推污水用球墨铸铁管，市政管道较早使用混凝土检查井的设计施工的要求。

（2）施工管理阶段

一方面精心管理、狠抓质量，另一方面对于其他建设主体工程，工程质量监督机构委托排水管理部门管理，形成联动。重视过程质量把控，"谁监管谁负责"，开展闭水试验作弊方式研究，提高检查监督能力，对各类花样造假能及时发现，使施工单位服从管理；在道路面层摊铺前，提供免费影像检查服务，及时整改具备条件，在这种情况下各方均愿配合，打好质量提升的基础；施工交底时书面告知、载明注意事项、联系方式等内容；重大工程、首次接触此监管流程的单位等情况应进行跟踪，根据工程进展情况及时提醒；部分道路管道工程与周边小区、企业污水接管办理排水许可、接驳手续密切相关，道路工程施工进度情况信息通过周边用户也易了解掌握。由于该工作方式开展多年，在常施工、监理等单位已形成工作惯例。到当前阶段，管道检测服务市场已经成熟，在长期严格管理氛围下，施工单位已能主动自发地进行预防性检查，以节约验收时间、提高效率，部分施工单位已自备检查设备。

监督检查要点：

◆严格按《给水排水管道工程施工及验收规范》GB 50268—2008进行闭水试验，应在管道未回填土且沟槽内无积水的条件下进行，水头应符合要求。

◆污水管网应100%进行闭水试验，现场管理中应开展飞行检查，随机确定检查管段对象。

◆现场监督检查时，观察水位时间应足够，对有疑问的应延长观察时间。

◆现场应仔细核查有无持续补水设施、管道、接口。

◆水位变化观察结束后必须进行"打水""舀水"试验，验证试验区段连通性，按照连通器原理，各检查井水位下降是同步的、明显的、快速的。

◆"打水""舀水"试验后对检查井涂覆材料进行检查确认。

（3）移交接收阶段

实行多部门参与、签署责任制，"谁接收谁负责、谁签字谁负责"。工程管理、内部审计科室定期组织研究管道的常见病害问题处理和改进方式。分析接口、标高等问题发生概率和分布规律，提出改进方法。对影响运行的非重大缺陷，设置养护补偿办法。面向保障长久运维目标进行严格检查验收，对存在问题的设施不予接收，形成有效倒逼机制，促进设施质量不断提高。

（4）验收运维阶段

建立与前期部门反馈机制，对发现的各类影响运维的质量缺陷和问题进行梳理，部分问题在规划设计环节系统解决，例如牵引管道的标高测量方法的研究、球墨铸铁管、钢筋混凝土管接口形式的改进等，在理论和技术层面开展基于运维实务的迭代进步。

2．支管到户

管网全覆盖是污水全收集、全处理的前提，确保末端收集支管网到户是重要环节。首先，在早期编制城市排水专项规划时，常州市即提出了"最小埋深制、最小管径制"理念，市政管道埋深不少于2.5m，管径最小不低于DN400。对宽度超过40m的道路管网，实行"双管制"，方便两侧地块纳管。其次，落实规划设计规范标准，扎实开展前期工作，服务地方。有排水户的地方，确保一户一管。对于待开发地块，与地方经济发展部门紧密联络，了解用地规划、产业发展信息，紧贴红线、合理预留市政支管井。同时，为防止空地外水进入，先期进行支管口封闭，待排水户办理手续时予以开启。第三，创新实施入户支管"代建制"，按照《常州市区排水接驳工程管理规定》（常排处〔2012〕第36号），入户支管按市政标准建设，既方便排水户管网接驳，也为长效管理打好基础。

3．沿河直排、村（庄）整治

（1）沿河排放口

以雨污管网养护为基础，协同开展常态化排口巡查、溯源调查，系统排查确定问题所在，按"两优先"的原则，源头必须分流后接管。对于分流改造不具备条件或综合效益不显著的部分区域，实施系统截流。

（2）城中村

对于城中村截流工程，采取物理隔离措施防止河水进入系统。经过分析研究，避免使用鸭嘴阀、溢流堰（墙）等设施。鸭嘴阀因橡胶老化、垃圾杂物卡阻会导致密封失效；溢流堰（墙）为固定标高设置，高则降低排水防涝标准，低则污水外溢，为兼顾防汛和水环境保护要求，采取闸门隔离方式提高可靠性。为保障闸门运行的科学高效，根据重要性和所在系统服务范围、水量等情况，对闸门所在泵站系统实施分级分类管理；实施第三方专业巡查+自主巡查排查模式，及时发现闸门运行不正常、漏水等问题并进行维修；基于缺陷排查、挤外水的自主巡查，同步对第三方形成考核压力，提高第三方巡查质量；每年汛前实施闸门专项检查，确保防汛安全；全部闸门实施远程控制，接入SCADA及泵站管理信息系统。

（3）农村污水接管工程

为实现系统治理，降低对城镇污水系统的影响，积极做好技术指导和工程质量监督工作。目标要求雨污分流，防止雨水进入污水系统，在自然排放条件不具备时，要求必须雨污同建、雨水有组织排放。在设计方案方面，对收集区域进行评估分析，雨水具备自然排放、倒灌进入污水系统可能性不大的区域，其污水管网允许接入市政系统。对于区域收集范围大、地势条件不利于雨水直排水体的，要求设置完善雨水系统，并明确污水压力提升入网，形成有效管控。在施工方面，参照市政及小区排水户建设要求［《工程施工图内部审核暂行规定》（常排处〔2018〕第33号）、《其他主体建设的排水管道规划设计审核管理规定》（常排处〔2018〕第34号）］，从管材、井型、基础、标高、轴线及施工验收程序等多方面进行系统管理。

4．非开挖修复管理

目前，非开挖修复技术体系还不成熟，材料质量和施工水平参差不齐，缺乏质量监督管理，各类技术的可靠性和耐久度尚无足够观察和研究评价资料。根据上述情况，在前期使用、观察和评估基础上，常州市确定了"能整修则整修，能少修就少修"的审慎修复原则。对于具备条件更新改造的管道，优先开挖改造。待非开挖技术和市场成熟时，将考虑更多采用非开挖修复技术。

针对排查检测发现的管网缺陷问题，根据缺陷等级、维修条件、安全风险和质量、造价、寿命、技术成熟度，综合考虑，合理确定维修方式。对急需修复、缺陷较大的点位，优先实施改造更新；对缺陷多、密度偏大的区段，采用技术成熟的整修方式；对于个别点位缺陷等级高、不具备开挖条件的，采用点修方式。针对存在缺陷的管道，根据管道的重要程度、地理位置、缺陷等级等，结合城市更新计划及实施条件，系统谋划管道更新改造。对于缺陷本身和部分非开挖修复点位，实施长期观察跟踪，研究分析缺陷进展情况，评判修复效果和可靠性。

4.3 机制建设

4.3.1 建设管理机制

1．管理架构

（1）一体化管理体制。所辖范围内实行"源厂站网、规建管养"一体、"责权一体"的管理架构，覆盖污水系统全域范围，坚持体制机制30年未变。排水管理处为污水厂、泵站、管网的建设主体，对于属于中心城区污水厂服务范围内其他建设主体投资的污水管网工程项目，亦全部纳入监管范围。排水管理处自建工程，标准高、要求严、专业性强，对其他建设主体形成了良好的示范效应。对于其他建设主体实施的工程，质量导向鲜明，通过明确标准、指导管控、举措手段创新，与地方建立起了工作机制，通过部门发文、会议纪要等形式予以明确。

（2）管理全面覆盖。建设管理制度上形成了覆盖市政管网、居住小区、排水户（含单位庭院），以及村（庄）、小散乱整治、老旧小区改造等不同类型项目的排水设施建设管理要求标准和流程。将市政工程标准向其他各类型工程、不同实施主体进行延伸覆盖，从建设标准上"提质增效"，从社会意识上"扩大影响"。

（3）多维管理手段。秉持"管控上下功夫、工作中促提高"的工作方式。具体做法包括：对于道路工程，如管道未通过验收，不得支付项目工程款；对于排水户，如未通过验收核查，将被禁止排水，无法办理手续；对于居住小区，未通过验收，无法交付。全市各板块、部门、单位、乡镇街道、设计、施工、监理等参建方，开发商、工业企业等形成重视和规范参与排水工程建设和管理工作的"自觉"与"共识"，形成良好的排水管理秩序。

2. 资金保障

污水管网运行资金由污水处理费保障，供水部门代收，依规征收污水处理费由财政全额返还。不足部分全额由财政补贴。运营费用主要用于污水厂、泵站、管网一体化保障。工程建设费用全部来源于政府专项债券。另外，常州市还通过省市补助资金进行补充。坚持污水处理费应基本反映处理成本水平的原则，积极联络发改、财政等部门，适时提高污水处理费价格，为实现污水收集和处理事业健康、长久、稳定发展打好基础。2015年常州市居民污水处理费为1.7元/t，为当时全国最高标准。

财政予以支持保障的主要原因包括：一是地方财力具备一定基础；二是在国家重视、政策环境好的条件下，经评价认为污水设施运营、建设资金绩效较高；三是污水运行项目具备盈利条件；四是污水处理费标准处于全国前列，反映了工作受到广泛认可和支持。

4.3.2 落实排水许可管理制度

1. 存在问题及分析

在推行排水许可管理工作中，受限于人员编制数量，存在监管人员不足、能力欠缺的现象。同时还存在执法与监管职能相分离、执法部门主观意愿不足、违法事实认定困难、执法部门和监管部门工作出发点不同等问题，制约了许可制度充分发挥效能。

另外，按目前政策条件，许可管理偏向末端、事后管理，排水户污水设施建设过程实施有效监管难度大，排水户纳管后发现问题再行整改的经济和时间成本高，隐蔽工程缺陷监管缺失且难以整改。

排水户管理中尤以工业排水户管理难度更大，由于工业废水具有污染物浓度高、成分复杂、水质波动大等特点，预处理设施不正常运行会导致超标废水进入城市污水系统，影响污水处理设施运行。如企业将高浓度废水、废液或污泥等直接排入污水管网，对城市污水处理设施造成冲击，破坏污水处理设施运行稳定性。行业普遍存在纳管后监管投入力量不足、"双随机"检查频率低、难以发现排水户违法违规排水等问题。

2. 打造常州特色"双轨制"管理模式

常州市排水管理处早在30多年前在全国率先开展排水户合同化管理，随后又实施了排水许可管理，并基于多年管理实践建立健全了合同管理与许可管理相结合的管理模式，两者相辅相成、有机结合，取得良好效果，同时辅以信用评价、信息化手段，避免了行业普遍存在的排水户失管问题，为污水处理设施安全运行及污水处理厂的稳定达标提供坚实保障。通过"双轨制"管理，有效避免了"重发证、轻监管"的问题发生。

排水管理部门通过与排水户签订《污水处理合同》，明确双方权利义务、违约责任，并依据合同对排水户实施监管。将排水户全生命周期管理细分为审批期、建设期、运行期三个阶段，每个阶段设定对应的管理流程和管理要点。

审批期。在工业建设项目立项期间提前介入管理，并与生态环境部门形成联动机制，将排水部门出具的接管审批意见作为环保审批的前置内容，对工业废水实行有条件接纳，将不符合纳管要求的工业废水拒之门外。审批期重点控制三个方面：一是实行污染物类别控制，对电镀、印染、化工、造纸等重污染行业及不符合污水处理厂环评批复要求的工业项目限制接管；二是实行污染物总量控制，超出污水厂允许接纳量后停止审批；三是实行污染物影响控制，全面评估工业废水的生物毒性及排放水质达标可行性，对污水厂运行造成不利影响的项目不予审批。

建设期。通过强化施工图审查、施工监督交底、排水核查、预处理设施管线核查、排放口规范化设置等过程管控，提高纳管质量，避免验收不合格所致的重复建设。源头管理制度和相关配套技术文件包括《关于加强市区新建住宅小区道路和雨污水管道工程管理的通知》（常建规〔2017〕3号）（确立居住小区室外排水管网工程实行规划许可、施工图审查、合同备案、质量和安全监督、施工许可、工程质量竣工验收及验收备案制度，全流程纳入建设工程质量安全监督管理），以及《污水接入城市污水管网和源头管理办法》《居住小区、排水户自建排水工程核查流程及技术要求》《居住小区室外排水工程施工图审图注意事项》《污水排入城镇污水管网排放口设置技术规范》DB 3204/T 1024—2021、《居住小区排水管道混接排查与改造技术规程》DB 3204/T 1015—2020。

运行期。通过一户一档、分类管理、现场核查、强化监测等方式加强日常监管，提高排水户水质达标保证率。建立排水户信息库，汇总企业基本情况及日常监管信息；通过对排水户静态及动态信息进行集中采集管理，对排水户实施分类管理，强化对污染因子复杂、排水量大、原水浓度高、废液量大的重点排水户管理，将包括生产过程中产生的废液及污水站污泥等各类危废纳入日常管理。除了做好常规污染物监测管理外，积极探索研究排水户排放污水中新型污染物及微污染物的种类、浓度及对污水系统的影响，为污水厂尾水生态利用奠定技术基础。完善工业排水户现场核查机制，提高核查全面性和科学性，通过定期开展合同监测及强化夜间、雨天抽检等方式，做到全方位、无死角管理，实现超标及时发现、及时预警和及时处理，达到有效预防工业废水对污水设施冲击的目的。

许可管理。市排水主管部门按照排水许可流程向排水户发放排水许可证，排水管理部门做好发证核查，并根据《城镇污水排入排水管网许可管理办法》的规定，配合住建执法支队对排水户实施排水许可监督性检查。

权责统一。排水许可核发与证后监督管理、日常运维主体一致，实现管理责任与核发权力的统一。通过排水许可在源头把控入网水量水质、自建排水设施工程质量，为污水收集处理运维和区域提质增效打下良好基础。认真负责开展排水许可工作，有内生动力、有积极性，提升了排水许可证的含金量。

分类管理。根据排水户规模、影响程度，综合考虑行政效率，按照"先易后难、先大后小、分类推进"的原则实施许可对象分类管理。对于工业、建筑、医疗、餐饮类排水户，需办理排水许可证。对于营业面积小、排水量小、污染因子单一的企事业单位、个体工商户等排水户，采用登记备案管理形式。按照重点突出的管理要求，合理配置行政资源。

双随机抽检。根据《城镇污水排入排水管网许可管理办法》的要求，采用"双随机"模式联合住建执法支队实施排水许可监督性检查。许可检查内容主要为亮证、现场笔录及见证取样等。对排水户所发生的违反许可行为按许可办法相关规定移交住建执法支队进行后续处理。如某企业在申领排水许可证时隐瞒了生产废水排放情况，经确认后撤销了其排水许可证；某企业利用夜间向市政管网倾倒腐蚀性废液，经查实后对其危及城镇排水与污水处理设施安全的行为处以罚款18万元。通过严格监管，工业企业的主体责任意识显著增强，达标排放率显著提高。

许可"回头看"。除按排水许可要求实施证后监管外，还通过合同抽检和专项回访的方式，对既有领证排水户的设施状况进行监督检查，长效常态促进排水户规范排水，对排水户雨污分流、清污分流、管网运行情况进行评估分析，为管理政策制定和技术指导提供技术依据。针对排水许可证即将到期的企事业单位，及时完成现场排水核查，针对发现的问题，督促企业及时整改。

经过多年的实践探索，排水管理部门对排水户采取的"双轨制"管理模式得到了各级政府、污水处理厂及排水户的认可并取得了较好的实践效果；工业排水户达标的主动意识不断提升，管理投入及管理水平也得到进一步提高，排水户排水达标率为95%以上，为污水处理设施稳定运行提供了坚实保障。

3.开排水信用评价先河

常州市在全国排水行业首创排水户信用评价制度，既有效支撑合同管理，又助力许可发放节俭高效。根据排水户排水行为信息，按照规定的程序、指标和方法对排水户排水行为进行信用评价，确定信用等级（甲、乙、丙、丁）并进行相应的监督管理。按照"确定参评排水户—归集排水信用信息—评定排水信用等级—书面告知评定结果"的评价程序,以监管业务结果及日常履约行为作为信用评价依据,以信用评价等级作为监管业务指导,提高排水户失信成本,增加守信动力。在排水户管理中强调管理与服务并重,采取举报奖励制度,有效调动排水户达标排水的积极性。通过行政管理和经济管理手段并举,取得与排水户的共赢结果。

4．探索工业废水及清下水退出机制

为确保城镇污水处理厂进水水质,保证城镇污水处理厂安全稳定运行,根据《江苏省城镇生活污水处理提质增效三年行动实施方案(2019—2021年)》文件精神,建立完善工业废水评估及退出机制。对电镀、化工、印染企业(新、改、扩)行业排户不予纳管;对存在预处理设施缺陷、污水不能稳定达标的排水户,督促其限期完成改造,确保达标排放;对生产过程中产生和排放的工业废水与自身环评不相符、不符合国家现行政策及纳管要求、排水管理水平低下,预处理设施存在缺陷、对其产生的废水不能进行有效处理、污水排放达标率小于50%的排水户限期退出城市污水收集处理系统。

城市污水处理系统接纳了12.5%的工业废水。杜绝工业企业的低浓度废水(清下水)纳管是提质增效的关键工作。低浓度废水指工业企业的冷却水及制纯水浓水。常州市对既有工业排水户全面梳理进入污水收集系统的污水构成,要求企业将低浓度冷却水及制纯水浓水的排水去向调整至雨水排放系统;对新建排水户加强建设期管理,杜绝冷却水及制纯水浓水等清下水接入污水系统,有效提升了污水厂进水浓度。

5．信息化助力排水户管理

在排水户管理中注重信息化和规范化。常州市许可审核工作信息系统于2016年建成,将排水户的信息资料形成电子档案,数据结构化。2020年建成源头管理智能系统,基于GIS和物联网技术,将"厂站网户"各类数据全面集成,建成了基于"互联网+"的排水监管信息系统,构建监管管理"一张图"、监管感知"一张网"和监管流程"一体系"的整体框架,实现"厂—站—网—户"监管业务流程全过程闭环管理,大大提高了工业排水户管理的科学性和高效性。通过网页端+移动端,在证后监管、超标溯源、核查记录、费用征收、统计分析等方面发挥了巨大作用。

4.3.3 建立运行维护机制

1．市政管网运维

(1)低水位运行模式。2005年,常州市中心城区管网泵站实施低水位运行,为全国首创。在科学规划、严格建设管理的基础上,厂站网具备冗余条件,通过泵站控制实现管网低水位运行,所有泵站集水井进水管口确保露出。该模式下,管道流速、自净能力得以保证,减少了积淤和养护量,增加了管网系统的冗余空间和安全性。管网冒溢风险小,便于小区、企业排水,避免了高水位引起的排水户、小区排水不畅而擅改混接,实现污水应收尽收,提高污水收集效能。另外,低水位运行还为巡查发现问题创造了有利条件。实现低水位运行需要有以下几个基础条件:厂站网一体化调度，设施能力相匹配也有冗余，污水系统与自然水体隔离，雨污分流，泵站自动化控制，管网缺陷少等。

（2）科学（按需）养护模式。为有效解决机械式养护模式资源配置效率不高、养护质量提升不明显的问题，同时为提高资金绩效，常州市在全国率先提出了科学（按需）养护的概念。即在低水位运行模式下，养护总体作业量降低，通过保障巡查频率，及时发现井盖安全、运行问题，再对存在功能性缺陷的管段实施重点养护，将有限的养护资源进行精准投放。实施道路雨污管道同养。一方面，充分发挥了道路巡线的资源效益；另一方面，有利于发现判别雨污管道存在的问题和成因，高效识别雨污混接、外水进入、重大缺陷等问题。

（3）"养护五结合"工作法。2004年提出"养护五结合"，培养"工匠精神"，将正常养护和缺陷整改结合起来，将养护作业与设施缺陷发现、异常水量分析、设施保护、管网调查、GIS系统数据完善五方面相结合。"异常水量"是目前系统"提质增效"挤外水的内容，关注和解决这些问题已有多年积累。

通过建章立制、出台标准，常州市引导并规范服务提供方保质保量完成任务。在实际工作中，使用车辆GPS轨迹分析、车载视频监视和独创的"打卡"（隐蔽巡检牌）等检查考核手段，使管理工作形成闭环。基于上述做法，通过执行奖惩考核办法形成了良好的正向激励机制。

2．其他管网运维

（1）"三统一"小区（排水管网统一设计、建设和运维）管网养护做优做强。2021年，在常州市提质增效达标区示范现场会上，"三统一"项目作为居住小区排水管理样板，面向辖市区各板块责任部门进行了集中展示和培训。

（2）老旧小区（单位庭院）排查专项。2018年起，常州市每年投入超过500万元，实施老小区系统养护、排查、治理和测绘项目。小区雨污水设施经排查测绘后，全部录入GIS系统。2018～2021年，对中心城区144个小区、2763栋房屋的619km室外排水管道，以及26个机关单位庭院，共计37km管道进行了系统养护排查。

（3）老旧小区改造专业指导。积极参与老旧小区改造技术指导，编制的改造技术细则，被纳入省、市老旧小区改造技术导则。通过图纸审核、现场施工指导、抽检调查，将排水管理政策和技术标准融入旧改工作要求，助力地方提高工作管理水平。2021年，累计为辖市区近50个旧改项目进行审图、施工质量跟踪和抽检，形成调查分析报告反馈至责任部门，相关内容通过"旧改工作简报"向分管市领导进行汇报。

（4）居住小区全覆盖排查整治。有计划、分步骤地推进居住小区全面排查整治工作。统筹污水分流纳管、管网养护和排水防涝等多个要求，筹划以购买服务方式系统解决小区管网失管失养、管理水平低、雨污动态混接和汛期问题。在与房管、物管、属地等多部门单位对接、全面调研小区现状的基础上，编制全市居住小区全覆盖排查整治方案，划分排查整治单元。推进实施过程中，突出排水管理机构的核心管理作用，在探索研究的基础上，系统安排管道疏通、排查、治理和管理等工作，做到管理到位、排查精准、科学高效。技术管理上明确雨污同管、排查整治与养护相结合的原则，优先解决小区错乱接（含阳台水）、堵塞冒溢、断头管等问题。不断提升城镇污水"最后百米"的运维管理水平，从生活污水源头"提质增效"。

4.3.4 厂网一体运行调控

在内部管理方面，源头监管、管网、泵站、污水处理厂和中水（生态补水）责任部门科室均有明确的工作职责、界限和标准，按市排水管理处统一要求在各自范围内主动开展工作、落实管理职责。例如，建立污水厂、管网液位控制管理办法；对第三方运行的污水处理厂实施液位控制考核，写入委托运行合同条款；根据污水厂进水浓度，对管网、泵站等运维管理部门进行绩效考核。

在工程建设运行方面，形成"规划—设计—施工—验收—移交—运维—规划"的正向、互馈、闭合的管理流程循环，通过高质高效的工程规划建设和运维管理工作，确保厂站网都具备相应能力，打好厂站网一体化运行管理的设施硬件基础。在高标准建成自建排水设施工程的基础上，对他建工程，与辖市区政府形成验收移交的管控机制，污水管道工程应按规划接入市属系统，按标准验收移交，落实排水规划要求，不断提高管网工程质量。

1．实施原则

城镇污水系统从源头至处理终端设施，"厂、站、网"是不可分割的有机统一体，系统上下游相互影响。因此，运行管理策略必须从整体效益最优出发，兼顾局部效益，进而要求厂、站、网实现信息互通、互为反馈。对厂、站、网的管理方式需要突出系统性的特点，实现"点面结合、综合决策、联调联动、提质增效"。

2．主要优势

厂网一体的主要优势包括：一是避免推诿扯皮，管理职责清晰；二是系统联调联控，可实现低水位运行；三是管网运维条件较好，泵站、管网区段检修维护更加便利；四是便于及时发现、分析和解决问题。拥有全局视野、系统思维，避免片面分析、局部处理的弊端。特别在厂站网能力匹配方面的分析考量，为从规划、设计、施工等环节综合施治提供了更多思路和手段。

能力建设、预见预判。厂站网一体模式下，发现解决问题和预见预判能力不断增强，系统良性、健康发展的正循环模式得以巩固，不断实现整体效益最优化。其中，管网规划建设为发挥厂站网一体运行效益创造了重要的基础条件。

提高站位、公益为先。基于城市安全、水环境安全的考量，常州市早期即实施了互联互通管道，充分预见厂厂、站站、网网之间调度需求和维持系统冗余度的必要性，在突发事件水量调度、减少溢流污染和环境风险等方面持续发挥着巨大作用。

3．主要做法

建立水量、液位控制管理制度。制定管网、泵站、污水厂水量综合调度制度。根据管网、泵站和污水处理厂的能力制定液位控制方案，各单位按控制水位要求实施日常运行管理工作。针对污水管网（泵站）清淤、检（抢）修、拆除封头和管网沟通等作业时，实施申报审批制度，制定特殊水位控制、水量调度方案。针对汛期、停电等应急状况形成控制、调度预案。对管网节点、泵站、污水厂和重点排水户进行水质、水量监测，分析研究系统运行工况和规律，指导运行调度和污水处理工艺调控，及时发布运行风险预警信息。

4.4 取得的成效

4.4.1 环境效益

污水收集处理率高，按COD浓度260mg/L计，中心城区污水收集处理率达95%以上。污水厂进水浓度提升明显，2021年所辖污水处理厂进水COD较2018年增长28.5%。2018～2021年，污水处理厂COD削减量年均增长12%。提质增效工作成效明显，水体环境效益显著。

消除黑臭水体，无雨天返黑返臭现象，部分河道、断头支浜已恢复生态功能，实现了水资源、水环境、水生态的目标。2021年，全市20个国考断面累计优Ⅲ比例为80%，51个国省考断面累计优Ⅲ比例为92.2%。国考断面优Ⅲ类比例同比提升17.5个百分点，Ⅱ类断面同比提升12.5个百分点，Ⅴ类断面减少2.5个百分点。城市水环境持续改善。

4.4.2 经济效益

挤外水方面。按每天挤出外水约1.5万t计算，每年节约污水处理运行费近千万元；按新建厂网投资建设估算指标9000元/t计算，节约一座同等规模（$4.5×10^4$t/d）的污水处理厂网投资约4亿元。管道排查检测方面，2011年起新建管道CCTV监测费用由施工单位承担，在促进工程质量提升的基础上，按清疏检测平均标准40元/m计算，实现节约结构性检测费用2000万元。居住小区阳台分流方面，2008年起实施住宅小区阳台独立设置污水收集立管政策，截至2017年，按小区新建建筑面积3758万m^2、立管分流改造费用30元/m^2（上海市测算指标）计算，节约后期改造费用11.27亿元。中水回用方面，污水厂中水供钢铁厂回用，收回全部管网设施投资外，已产生3800万元收益。采用污水用球墨铸铁管，寿命达70年，而塑料管一般为30年。根据造价测算，在规范施工条件下，$DN600$以下球铁管投资较塑料管平均增加约10%，目前全市使用球铁管的市政管网约500km，按$DN600$以下塑料管平均建设投资2000元/m计算，满足使用时间70年的要求下，使用球墨铸铁管至少节省9亿元直接费用。

4.4.3 社会效益

根据2019年第三方实施的"用户满意度调查分析报告"结果（百分制），公众对常州市排水服务态度评分达98分，企业排水户满意度达96分，各级各部门满意度评价得分94分，其中生态环境部门评价为95分。2021年，全市排水管理部门各项工作经国家、省、市各类媒体和刊物宣传报道共计420余篇（次）。管网、源头管理科室（部门）收到市民、企业送来锦旗10面。

常州市以泵站、污水厂、湿地为依托，打造了一系列集科技、生态、休闲、绿色于一体的邻利设施，实现绿色发展成果与市民共享。利用泵站场所，与街道携手共建"路见"书香泵站，为居民就近提供了优质阅读环境，成为丰富市民文化生活的重要场所。污水处理厂作为城市的环境教育基地、未成年人教育基地，每年多次组织接待市民参观游览，面向公众市民科普宣传城市排水。

多年连续举办的世界环境日"云排水"直播活动吸引近5万余市民、网友在线参观游览。江边污水处理厂构建了樱花堤、红枫堤、水上森林和沉水植物等特色景观以及一座邻里中心，营造人水和谐环境获盛赞。优质尾水回用至新龙生态林，形成流水潺潺的城市水景观，发挥城市绿肺功能，为群众提供健身休闲空间，成为市民打卡胜地。

坚持开展国际合作、深化共建，与日本、韩国、荷兰等国开展污水处理技术研讨，互为借鉴。加强国内同行交流，2018年以来，接待北京、上海、广州等城市调研学习近180批次，受邀参加全国性会议、行业交流和培训超过40场，分享案例经验，介绍常州模式，为行业进步、事业发展做出了突出贡献。

常州市排水管理处：向军　郦彰　朱志强　侯晓建　古燕霞　周慈斌

5 重庆

5.1 基本情况

2019年，住房城乡建设部、生态环境部、国家发展改革委联合印发了《城镇污水处理提质增效三年行动方案（2019—2021年）》（建城〔2019〕52号），要求加快补齐城镇污水收集和处理设施短板，尽快实现污水管网全覆盖、全收集、全处理。重庆市严格按照住房城乡建设部的安排部署，印发了《重庆市城镇污水处理提质增效三年行动实施方案（2019—2021年）》（渝建〔2019〕399号），系统推进专项工作，在全域建成区积极全面开展城镇污水处理提质增效。

开展三年行动来，城镇污水处理提质增效工作以系统提升城市生活污水收集效能为重点，坚持"查病"与"治已病""补短板"与"固底板"相结合，通过摸本底、提能力、补短板、建机制，优先解决人民群众关注的生活污水直排、老旧城区排水设施空白区等热点问题，重点解决污水厂进水浓度低、污染物削减效能不高等重点问题，集中解决污水管网设施底数不清、信息化手段匮乏等难点问题。

开展三年行动来，累计完成46座区级城市污水处理厂扩容增量（148万m^3/d），其中原址新改建40座（132万m^3/d），异地扩建6座（16万m^3/d），扩容率超56%；累计建成污水管网1350km，改造管网818km，污水管网总长度同比2018年增长13.25%；累计完成超24000km市政管网排查，18000km地块管网排查，城市建成区市政管网排查覆盖率超95%；累计整改混错接点12914个、管网缺陷48572个，全市城市生活污水集中收集率上升8个百分点，城市污水处理厂平均进水BOD_5浓度增长10%，污水收集处理效能得到提高。

通过排水管网精细排查、常态化开展水质监测、探索山地城市规范标准、不断挤出排水系统外水、开展工程整治、完善资金保障机制、落实排水许可管理、推行行业管理机制改革、建立共建共治共享机制九方面系统推进相关工作。现以中心城区主城排水系统为例，分享相关典型做法。

5.1.1 中心城区概况

重庆位于我国内陆西南部、长江上游地区，东邻湖北、湖南，南靠贵州，西接四川，北连陕西。面积约8.24万km^2，辖38个区县（26个区、8个县、4个自治县），常住人口约3205.4万人，人口以汉族为主，少数民族主要有土家族、苗族。重庆是一座独具特色的"山城、江城"，地貌以丘陵、山地为主，其中山地约占76%；长江横贯全境，与嘉陵江、乌江等河流交汇。

中心城区包括渝中、大渡口、江北、南岸、沙坪坝、九龙坡、北碚、渝北、巴南9个市辖区和两江新区、重庆高新区、重庆经开区3个功能区，总面积约5500km^2，2021年常住人口约914.96万人。因中心城区范围内含有缙云山、中梁山、铜锣山、明月山和长江、嘉陵江，形成了山环水绕、江峡相拥的"两江—四山—三谷"的独特山水格局，拥有80个自然排水流域。

独特的山水格局造就了中心城区独具特色的排水系统，受地形起伏大、道路坡度大、建设空间紧凑等因素影响，形成了排水管道架空多、跌水多、管道河渠内建、部分管井低于洪水位、河道渠化加盖、部分管涵埋深大，排水高区高排、低区低排、深埋接力排等特点。

5.1.2 污水设施现状

1. 管网现状

截至2022年底，中心城区排水管网总长度约13700km，其中，污水管网5700km，雨水管网7500km，合流管网500km。建成区排水管网平均密度达到14.56km/km²，高于全国平均水平12.00km/km²。基本补齐污水管网历史欠账，基本实现污水管网全覆盖、全收集、全处理。

2. 污水处理设施及泵站现状

重庆作为典型山地城市，污水主要通过重力流方式输送至污水处理厂处理，部分低洼区域通过泵站进行提升后入厂处理。

中心城区共有污水处理厂29座，总设计规模262万m³/d，其中各污水处理厂设计规模在5万m³/d以下的有11座，处理能力占比12%；5万~10万m³/d的有16座，处理能力占比42%；10万m³/d以上的有2座，处理能力占比46%。中心城区污水提升泵站共有19座，分布于各河道、地势低洼处，总提升能力186.6万m³/d（太平门泵站规模140万m³/d），其中规模5万m³/d以上的有3座，10万m³/d以上的仅有1座。中心城区太平门泵站位于渝中区，为鸡冠石污水厂排水系统中B、C干管的中途提升泵站，设计提升能力140万m³/d，日均泵送量50万~60万m³/d。由于山地城市高差较大，水系发达，城市二级污水管随道路坡度敷设绝大部分污水均能重力流排入，因此几乎无污水中途提升泵站，仅有少量局部区域污水提升泵站，多为一体化预制泵站，设计规模小。在排水系统规划方案设计时，也尽量利用地形高差或采取顶管的方式越过局部高点顺接下游，少设甚至不设污水提升泵站。极少遇到因埋设深度超过标准设置中途转输泵站的情况。同时有部分泵站设置于长江、嘉陵江消落带，在汛期时会出现泵站被淹没的情况，导致江水被提升进入城市污水处理厂（图5-1）。

2022年，中心城区城市污水处理厂年处理水量达9.26亿m³，城市污水处理厂平均负荷率95.99%，在小区前端存在具有重庆特色的三格式生化池对居民生活污水污染物浓度有削减的情

图5-1 重庆鸡冠石污水处理厂（全市最大）全景图

况下（据研究，COD削减率约40%，BOD$_5$削减率约35%），城市污水处理厂平均进水COD浓度234.99mg/L，平均进水BOD$_5$浓度123.52mg/L；城市污水处理厂出水均达到一级A排放标准，其中，4座城市污水处理厂出水达到准Ⅳ类标准。

5.2 典型做法

5.2.1 以源头排查为手段摸清管网底数

一是监管体系规范化。印发《关于进一步深入排查城镇排水管网有关情况的通知》（渝建〔2019〕239号）、《重庆市城镇排水管网精细化普查成果检查验收指南》（渝建〔2019〕424号）等文件（图5-2），指导各区形成完整、规范、系统的排查成果。按照"全属性、全覆盖、高质量"的目标，组织开展了管网精细化排查，市级层面制定标准规范，区县根据自身情况以空间排查情况为底数，分区域按缓急制定实施方案，具备条件的立马实施，不具备条件的集中清淤整改后再行实施，社区人员配合第三方专业机构进行精细化排查。

二是管网摸排制度化。印发《关于城市排水管网精细化普查情况的通报》（渝建函〔2021〕432号），定期通报各区县（自治县）排查进展并提出工作要求。建立中心城区排水管网GIS图，从管网单一空间属性拓展到结构、功能及雨污错接混接全属性排查，从市政管网延伸至地块内管网全覆盖排查，从排查单位成果自检到建立"第三方机构、区、市"三级成果校核体系。同步将排查进度纳入年度考核、打表推进，截至目前，全市已完成10000km市政管网精细化排查和1000km地块内管网精细化排查。市政排水管网共排查出结构性缺陷74.27万处，其中需立即整治的Ⅲ、Ⅳ级缺陷17.18万处；市政排水管网错接混接点2.11万处。

三是问题摸排常态化。辖区主管部门和排水运维企业管网维护人员定期对管网、排口进行巡查，一旦发现排口异常等问题立刻上报，并追根溯源，直到问题解决，形成常态化摸排。

重庆市住房和城乡建设委员会
关于进一步深入排查城镇排水管网
有关情况的通知

各区县（自治县）城乡建委，两江新区、高新区、万盛经开区建设局：

为进一步筑牢长江上游重要生态屏障，打赢水污染防治攻坚战，统筹推进我市城市排水管网建设和雨污分流改造工作，减少生活污水直排和溢流污染，提高城市生活污水集中收集效能，提升城市水环境质量，按照住房和城乡建设部、生态环境部、国家发展改革委《城镇污水处理提质增效三年行动方案（2019—2021年）》（建城〔2019〕52）文件要求，现就进一步深入排查排水管网工作有关事项通知如下：

一、高度重视排查工作

2018年，各区县（自治县）按照《关于深入排查城市排水管网有关情况的通知》（渝建〔2018〕329）、《关于全面排查主城区城市排水管网的通知》（渝建〔2018〕328）文件要求的排查标准，均加大了排水管网排查工作推进力度，取得明显进展，形成了涵盖全市绝大部分建成区的污水收集系统图。但是，部分区县仍存在排查工作重视不够，排水范围未全覆盖、排查信息不完整、排

关于印发《重庆市城镇排水管网精细化普查成
果检查验收指南》的通知

（渝建〔2019〕424号）

各区县（自治县）住房城乡建委，两江新区、高新区、双桥经开区、万盛经开区建设局：

根据《重庆市住房和城乡建设委员会关于进一步深入排查城镇排水管网有关情况的通知》（渝建〔2019〕239号）要求，为指导各区县（自治县）排水行业主管部门、相关企业形成完整、规范、系统的普查成果，保证普查成果质量，同时与下一步"物联网＋智慧排水"信息系统建设有效对接，我委组织编制了《重庆市城镇排水管网精细化普查成果检查验收指南》，现印发给你们，请遵照执行。

我委将于近期按照《指南》对各区县排水管网精细化普查工作进行检查、指导。

1. 编制目的

贯彻执行重庆市住房和城乡建设委员会关于城镇排水管网精细化普查工作部署（渝建〔2019〕239号），指导各区县（自治县）住房城乡建设主管部门科学开展城镇排水管网普查，确保普查成果的全面性、准确性、有效性，同时为下一步"物联网＋智慧排水"信息系统有效对接，特制定本指南。

2. 普查范围和内容

2.1 排水管网普查范围

图5-2 精细化排查相关文件及指南

针对中心城区排水系统问题开展重点研究，沿长江、嘉陵江两江四岸开展干管与排口调查，内容包括结构评估、来水分析、网格溯源、分类建档后分级管理。由于两江岸线长、排口水位低、部分位置可达性差，采用无人船、无人机初巡判别+人工二次确认的调查方法，巡航江岸140km，摸清沿江356个排口性质，甄别山体水、河水等清洁外水进入污水系统的管段点位，整理污水干管低浓度点位87处（BOD浓度<100mg/L），以此为据开展向上逆向溯源及网格化整改工作。针对各区辖区内二、三级污水管网，持续推进管网全属性精细化深度排查，系统检视、分类分级梳理管网断头、雨污错接混接、塌陷、淤堵等病害问题。系统排查城市排水管网雨污水管网错接混接程度，评估区域雨污分流改造的可行性及截流口设置的合理性。以主城排水系统为例，根据排查结果划分出105个可分流改造的区域、19个难分流改造区域及22个保留合流制区域（图5-3、图5-4）。

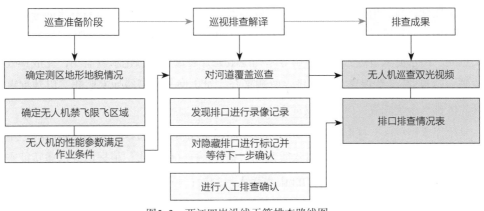

图5-3　两江四岸沿线干管排查路线图

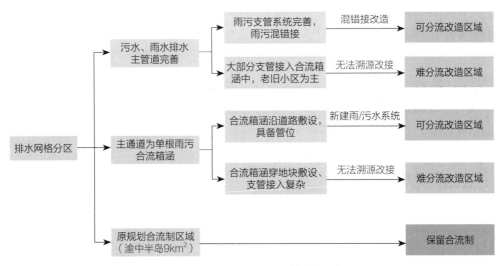

图5-4　雨污分流改造区域划分原则

5.2.2 以水质监测为核心谋划整治工作

排水系统重要节点水质情况是其上游管网是否有混错接的指示剂，亦是验证改造成效的风向标，重庆始终坚持以水质监测为核心谋划整治工作。

一是强化部门联动，摸清数据底数。基于《重庆市主城排水系统溢流整改专项行动》（渝建排水〔2021〕30号）文件指导，市住房和城乡建设委员会与市生态环境局深化合作，共同督导污水系统提质增效相关任务实施。根据水务企业梳理的二级接入口情况，对主城排水系统中井深小于10m、未带压运行、非城市发展预留污水接口的205个截污干管二级接入口开展常态化监测，获得各接入口水质、水量监测数据；收集污水处理厂生产运行数据、市级气象部门的日降雨量数据、市级地质勘查单位提供的中心地区水文地质资料；委托技术单位按月深入研判分析中心城区排水系统流域数据，构建主城排水系统清晰的水量组成框架，搭建多方数据相互印证的水量平衡模型，形成持续更新，用以年、月时间尺度前后对比的、流域分区尺度空间对比的分析底座。

二是紧扣重要节点，厘清各方责任。基于中心城区重要排水系统拓扑结构，于污水系统跨行政区交接处、污水流域节点、跨江穿山等结构隐蔽处开展重点常态化水量监测，完成14处重要干管、支管点位每5分钟数据接入市级排水监测平台。对主城干管沿线加密监测，以数据事实为依据评判片区排水系统能效，压实区域责任。

三是抢抓典型时段，找准问题类型。充分利用雨季连晴高温时段、旱季连晴时段、晴雨交替时段，开展主城排水系统二级接入口水质监测，累计采样5000余次，根据历次水质特征查找出晴天污水、雨天有水流出且水质干净的纯雨水接入口34处；晴天、雨天管道水COD、BOD_5数值变化50%以上的存在雨污混接问题点位73处；长期未降雨及连晴高温情况（未降雨一个月及以上）下BOD_5仍低于40mg/L的存在山水、地下水大量入渗点位52处。联合市生态环境局，依托科研院所、行业专家根据水质监测情况分析二级接入口上游管网问题，将相关结果反馈各区政府，指导区县开展污水管网整改工作（图5–5）。

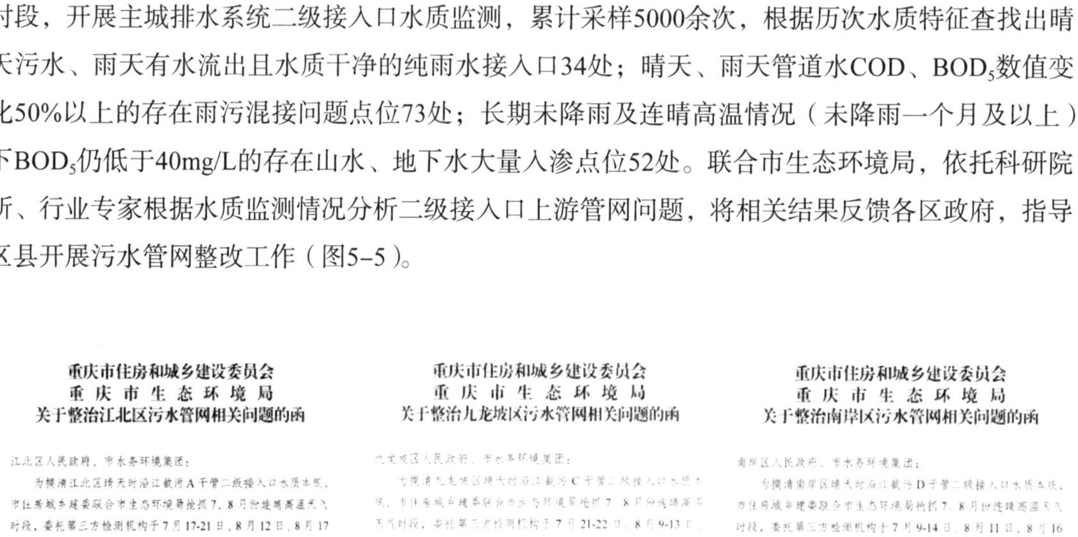
重庆市住房和城乡建设委员会
重 庆 市 生 态 环 境 局
关于整治江北区污水管网相关问题的函

江北区人民政府、市水务环境集团：

为摸清江北区晴天时沿江截污A干管二级接入口水质本底，市住房城乡建委联合市生态环境局抢抓7、8月份连晴高温天气时段，委托第三方检测机构于7月17-21日、8月12日、8月17日对江北区A干管二级接入口进行了3轮水质监测。为充分发挥排水监测对排水管网问题整改的指导作用，我委组织专家对三次监测数据进行了分析，现将有关事项函告如下：

一、基本情况

江北区忠恕沱流域、唐家桥流域、溉澜溪流域污水管网接入A干管，二级支管接入点共计68处。本次总计监测了63个点位（其中11处无水），均为江北区各二级支管接入A干管处支管上最后一个井。三轮采样共取得512次瞬时样，153次混合样。

重庆市住房和城乡建设委员会
重 庆 市 生 态 环 境 局
关于整治九龙坡区污水管网相关问题的函

九龙坡区人民政府、市水务环境集团：

为摸清九龙坡区晴天时沿江截污C干管二级接入口水质本底，市住房城乡建委联合市生态环境局抢抓7、8月份连晴高温天气时段，委托第三方检测机构于7月21-22日、8月9-13日、8月16-19日对九龙坡区C干管二级接入口进行了3轮水质监测。为充分发挥排水监测对排水管网问题整改的指导作用，我委组织专家对三次监测数据进行了分析，现将有关事项函告如下：

一、基本情况

九龙坡区[illegible]流域、[illegible]流域污水管网接入C干管，二级支管接入点共计24处。本次总计监测了22个点位（其中7处无水），均为九龙坡区各二级支管接入C干管处支管上最后一个井。三轮采样共取得144次瞬时样，43次混合样。所有点位

重庆市住房和城乡建设委员会
重 庆 市 生 态 环 境 局
关于整治南岸区污水管网相关问题的函

南岸区人民政府、市水务环境集团：

为摸清南岸区晴天时沿江截污D干管二级接入口水质本底，市住房城乡建委联合市生态环境局抢抓7、8月份连晴高温天气时段，委托第三方检测机构于7月9-14日、8月11日、8月16日对南岸区D干管二级接入口进行了3轮水质监测。为充分发挥排水监测对排水管网问题整改的指导作用，我委组织专家对三次监测数据进行了分析，现将有关事项函告如下：

一、基本情况

南岸区海棠溪流域、鸡冠石流域污水管网接入D干管，二级支管接入点共计65处。本次总计监测了47个点位（其中21处无水），均为南岸区各二级支管接入D干管处支管上最后一个井。三轮采样共取得405次瞬时样，120次混合样。所有点位混

图5–5 主干管二级接入口水质数据通报

5.2.3 以规范标准为抓手规范行业管理

紧密结合重庆山地城市特征，科学制定13项地方标准，涵盖山地城市内涝、山地管渠、工地排水、污泥等多个方面。在《山地城市室外排水管渠设计标准》DBJ50/T—296—2018中，通过对非金属管网运行及实验数据分析，重庆部分区段流速上限突破了国标的20%（达到6m/s）；《城镇排水管网臭气防治技术标准》提出适用于重庆的排水管网臭气防治技术和设施，指导排水管网臭气的排查与识别、监测方案制定、防治技术选择及防治方案的实施、长效机制建立与保障等工作；《山地城市排水管渠运行、维护及操作安全技术标准》基于既有国家标准体系，结合山地城市架空管渠多、大埋深管渠多、管渠上下游落差大等特征，从排水管渠巡视、养护、维修的技术要求及其操作安全要求、运维智慧管控等方面构建山地城市排水管渠运行维护及操作安全技术体系。众多地方标准的实施，从规划、建设、运维、系统评估全方位规范了行业管理，促进行业高质量发展（图5-6）。

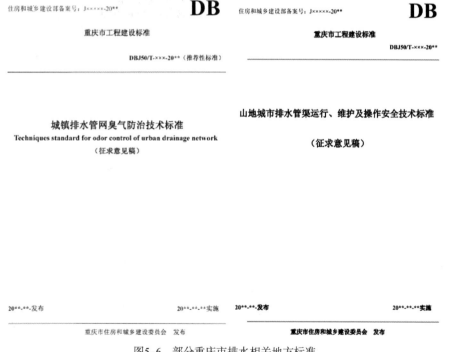

图5-6 部分重庆市排水相关地方标准

5.2.4 以挤尽"外水"为重点统筹全域治理

重庆市中心城区排水系统在整个长江经济带极具代表性，整个区域属于重庆绝对中心，长江中上游唯一千万级人口城市。地势上具有两岸高、沿江低的特点，山脉交于水脉，独特的山形水势造就山水融城。主城排水系统采用集中大截流布局，是重庆最大规模的排水系统。两江交汇使得城市虽是山城，但仍水网密布，水敏感度高，城市发展与水环境矛盾尖锐。因此重庆以中心城区排水系统为突破口，投入1200万元专门开展主城区城市沿江排水口、截污干管整治优化工程前期研究，投入400万元专门开展主城区"山水引流"工程论证及工程方案研究（图5-7）。

在开展主城区排水系统整治过程中，以现状调研为基础本底，问题分析为整改导向，水质水量监测为佐证手段，辅以资料收集、模型分析，并联合市生态环境局，认真研究，科学判断，形成区域性的排水管网网格化改造方案、溢流污染控制方案、大沙溪山水引流方案等，将整改措施纳入年度建设计划，确保排水系统整改刚性（图5-8）。

图5-7 部分专题研究内容

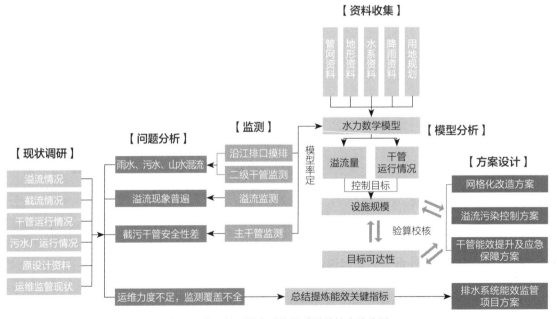

图5-8 中心城区排水系统提质增效技术路线图

一是寻外水根源。污水处理提质增效行动目的是提高污水收集率，核心是提高污水处理厂进水浓度。在日常工作中通过大量的数据分析和现场调研，发现污水管网内混入大量的外水是污水处理厂进水浓度低以及生活污水溢流的重要原因。这些外水不仅稀释了晴天污水浓度，使得污水处理厂处理效能降低，在雨天更是挤占了排水空间，导致污水溢流。因此在进行污水处理提质增效时最重要的环节就是"挤外水"。

根据重庆水文地质本底，中心城区地质含水程度低，地下水不丰富，地下水位低，深层地下水标高远低于污水管网，故重庆排水系统内的水量主要来源于城市给水厂供水以及流域内的降雨（图5-9）。

图5-9 中心城区排水系统水量平衡图

城市给水厂的供水一是用于居民生活用水，最后形成生活污水，进入城市污水管网；二是水厂自用，形成反冲洗水，进入城市污水收集系统；三是在管网运输过程中漏损，进入浅层土壤形成地下径流。

基于重庆城市依山而建、傍水而居的特性，流域内雨水进入管网的方式可分为山水、溪沟水、地表径流、地下径流。山水、溪沟水、水厂自用水从各个特定"点"位进入排水系统，降雨形成的地表径流从管网沿"线"由于雨污错接、混接进入排水系统，地下径流则是因为管网存在的缺陷以入渗的形式大"面"积地进入排水系统（图5-10、图5-11）。

二是定整改措施。坚持因地制宜、分类施策，推进河网清污分流整治，加快剥离进入污水系统的山水、溪沟水、河水等外水，畅通山水、山洪、湖库排放渠道，山水入网的，立即封堵截流

图5-10 溪沟水截流进入中心城区截污干管

图5-11 山水截流进入中心城区截污干管

设施;溪沟水、河水入网的,取消截流堰(坝),恢复河道雨水行泄功能。对污水泵站标高过低导致的丰水期江河水倒灌问题,综合采取泵站迁改、溢流口改造、增设拍门等措施严防江河水进入,同时加强河道水位以下的截污管网改造,综合采取污水管道迁改、管道结构加固防渗、检查井改造为压力井等措施减少河水入侵量。对给水厂自用水排入市政污水管网的,要求限期退出。

整合区县排水主管部门、科研院所、企业等力量,梳理出城市周边山体中平顶山、南山等8处山水入网点位,通过采取封堵接入口、顺接及恢复下游山洪行泄通道等手段,剥离山水;结合历史水系资料,排查出清水溪、盘溪河、渔鳅浩等5处河水、溪沟水入网点位,通过暗涵内窥、排口溯源、水样监测等工作,查找出城市内河网的污水来源,综合采取上游雨污分流、末端新建污水管网的措施,实现清污分流,确保污水入网,清水入江。依托科研院所整理历史设计资料,采取资料收集与现场踏勘相结合的手段,发现洪崖洞、菜园坝等标高低于河道水位不正常运行的泵站5处,此类污水泵站受河道水位影响,低水位时污水量少,提升量小;高水位时由于泵站内外水入渗,水位抬升,反而提升量大,导致大量河水、江水提升排入污水管网。通过采取提高主体结构高程、加强设施密封性等工作,完成泵站改造,进一步减少溪沟水、河水入网。通过完成上述工程整改措施,主城排水系统可剥离外水5万~40万m³/d(图5-12、表5-1)。

菜园坝污水泵站改造工程

菜园坝泵站改造工程于2022年3月20日开工，6月9日完工。新建1座5.6m×2.8m×16m竖井，改造后箱涵溢流口标高由175m提高至184m，能够有效防止江水倒灌。

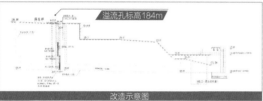

洪崖洞污水泵站改造工程

洪崖洞泵站改造工程于2022年4月18日开工，5月30日完工。在现状生化池出水区后设置小型一体化泵站一座，地面标高182m，出水压力管DN65沿旱桥底敷设过街，过街后敷设至洪崖洞景区门口处现状市政污水井内。

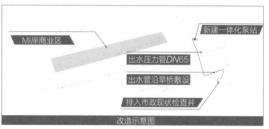

图5-12　菜园坝、洪崖洞污水泵站改造工程

主城排水系统"挤外水"26项工程措施　　　　　表5-1

序号	责任单位	工程项目	完成时限
1	南岸区	D18-2、D24线山水截流设施	2022年4月底前
2		大沙溪暗涵段清污分流改造	2022年12月底前
3	渝中区	平顶山B25线山水入网整治工程	2022年4月底前
4		菜园坝污水泵站改造	
5		滨江公园污水泵站改造	2022年4月底前
6		洪崖洞污水泵站改造	
7		红岩公园排水管网建设工程	2022年12月底前
8	沙坪坝区	实施平顶山B21线山水分流和截流井封堵工程	2022年4月底前
9		实施平顶山B22线山水分流和截流井封堵工程	
10		实施平顶山B23线山水分流和截流井封堵工程	
11		实施平顶山B24线山水分流和截流井封堵工程（沙坪坝区段）	
12		配合拆除童家桥泵站七中分校（原28中校区）管网改造项目	2022年10月底前
13		凤凰溪泵站改造	
14		新建伍家沟水质净化站	2023年12月底前
15		新建高滩岩污水处理厂	2023年12月底前

序号	责任单位	工程项目	完成时限
16	九龙坡区	桃花溪、渔鳅浩清污分流整治工程	2022年4月底前
17		渔鳅浩杨溪河支流（九龙坡段）雨污分流改造（桃花溪杨溪河支流、石坪桥支流、支一支二线雨污分流整治工程子项）	2023年12月底前
18		桃花溪红狮水库和支三支四线流域雨污分流整治	
19		彩云湖污水处理厂提标改造工程	
20		扬声桥水质净化站建设工程	
21	两江新区	茅溪河水环境综合整治工程	2022年4月底前
22		盘溪河流域水环境综合整治工程	2022年12月底前
23	江北区	杨家河污水系统改造工程	2023年12月底前
24	重庆水务环境集团、市水务集团、中法唐家沱	鸡冠石污水处理厂四期扩建工程	2022年4月底前完成建设时序，2025年12月底前完成扩建
25		唐家沱污水处理厂四期扩建工程	2025年12月底前
26		肖家河污水处理厂四期扩建工程	2025年12月底前

5.2.5 以工程整改为核心补齐设施短板

1．全过程管控工程实施质量

一是完善工程全过程质量管控制度。2019年，重庆市住房和城乡建设委员会印发了《关于进一步加强城市排水管网工程建设质量管理工作的通知》（渝建发〔2019〕10号）；2020年，重庆市住房和城乡建设工程质量安全总站印发《关于进一步加强排水管网工程施工质量管理工作的通知》（渝建质监〔2020〕8号），压实参建五方在项目全过程的质量责任，在现有的质量监督性抽检要求上，更进一步提出了竣工验收开展内窥检测的要求。二是质量监管纳入信用体系管理。在《重庆市建筑施工企业诚信综合评价体系企业质量行为评价标准》（渝建发〔2012〕86号）基础上，2018年与时俱进对其中部分重点内容进行调整，印发了《关于调整〈重庆市建筑施工企业诚信综合评价体系企业通常行为评价标准〉部分内容的通知》（渝建〔2018〕110号），将设计、施工、材料、运维等多方面企业纳入信用体系管理，对企业市场经营和现场管理情况进行量化评分，充分发挥守信激励和失信惩戒作用。三是多部门全过程协同控质量。在项目可研评审、方案审查、初步设计审查及备案、竣工联合验收、运维管理五阶段，提前会商意见，多部门协同作战，重点对排水"路由、管材、高程"三方面进行技术审查，从根源上破解原多部门"各自为战"的局面。如万州区明确政府投资项目，在初步设计审批、施工图审查合格书备案时，分别要求建设单位将内窥检测相关费用纳入工程投资，提供内窥检测委托合同；大足区编制《大足区排水工程建设流程指南》和《房屋建筑配套排水工程专项验收办事指南》，明确告知建设及相关单位在排水工程图纸审查、备案、接改沟和排水许可办理、技术交底、过程检查、专项验收程序和相关资料提交等环节重点注意事项；梁平区住房和城乡建设委员会联合区规划和自然资源局、区城市管理局，制定印发了《梁平区城区规划建设管理导则（试行）》，明确规划方案阶段三部门联合审查排水管网规划设计合理性，审查通过后方可进入专家委员会和城市规划委员会审查程序，确保了规划方案的可行性。

2．多手段开展管网改造修复

（1）小区内错混接点改造整治

2019～2021年重庆以强弱项补齐污水管网短板为主要目的，大范围大力度实施雨污分流混错接点改造。以已查明的管网系统为抓手，系统梳理混错接点，根据水量水质分级分类建立整改台账，将混错接点根据污染物浓度及改造难度设立需立即整改—限时整改—动态整改清单，优先解决需立即整改点位，按计划解决限时整改点，持续整改动态整改点，逐步推进雨污管网改造。

根据重庆房型特色（景观阳台大多数被居民改造用作生活洗漱阳台），为加强管网的"最先一公里"雨污分流，从源头开始整改，重庆市住房和城乡建设委员会发布《重庆市住宅阳台排水设计有关技术规定的通知》（渝建〔2019〕195号），要求城市阳台排水系统应单独设置，并采取防臭措施后排入室外污水管道，确保阳台污水应收尽收，提高污水收集效能。如北碚区，以问题为导向，将管网排查延伸至楼栋，问题整改进小区，对排查等发现的雨污不分问题溯源排查至小区内部管网，联合物业、街道、城管部门对问题进行整改，由属地管理单位负责问题整改。累计完成管网排查3126km（其中市政管网1140km，小区管网1986km），小区生化池4220个，完成问题整改6821个，形成"管网系统一张图，问题清单一张表"，系统图指导技术审查，清单表指导问题整改。

（2）沿江接排入口改造整治

中心城区排水系统污水主干管均沿江布置，为了快速解决直排口污染问题，原来的改造均按照直接截留"一刀切"方式将污水、雨水、山水全部在排江前截入沿江污水干管。提质增效专项行动开展后，针对排查出来的沿江二级接入口，组织企业、科研院所对其接入的合理性进行评估，结合接入口水质监测数据及排水规划，判定有三类不合理的接入口：

一是晴天无水或COD浓度长期低于50mg/L，除去查明为城市发展预留污水井的情况外，此类接入口基本是山溪水、河水、纯雨水直接接入。针对此类沿江排口整治，采取的措施是在确保下游排水通道满足行泄能力的情况下，以直接封堵为主。

二是规划为分流制排水体制的流域，上游接入污水水质呈现外水入侵或雨污不分流以不规范方式接入的接入口，例如，上游为排水箱涵采用截流堰形式接入（渔鳅浩整改案例详见下文）或大管接小管、晴天和雨天COD浓度相差两倍以上。针对此类沿江排口整治，采取的措施是以完善上游区域源头雨污分流改造、管网修复为主，同时加强排水设施密封性，以及采取电动拍门等措施防止江河水位上涨倒灌进入污水系统。

三是规划为合流制排水体制的流域，截流口设置堰高不合理或采用直接的形式。针对此类沿江排口整治，采取的措施是合理分析上游服务范围污水量，科学制定截流倍数，直接改堰接。

（3）老旧破损非开挖修复整治

山地城市因用地受限，市政道路雨污水管道空间布局往往位于车道或树池下，管道修复采用开挖方式不仅会长时间影响交通，还会形成"拉链式"现象，严重影响行车舒适感和居民获得感幸福感。非开挖修复技术的应用，极大改善了此类情况，重庆按照"现场排查—内窥排查缺陷等级—确定整改管段—复核施工条件确定采取开挖修复或非开挖修复—选择具体非开挖修复方法"的技术路线选择合适的修复技术。目前应用较广的主要有局部树脂修复法、短管置换修复法、非开挖螺旋缠绕修复法、热翻转式CIPP修复法、不锈钢快速锁修复法和紫外光固化法修复等技术。如江北区城市建成区排水管网雨污分流和更新改造项目，采用非开挖修复技术处理问题病害点位940处，涉及管网长度约10.4km。整个项目采用非开挖修复工艺的管网长度约占管网修复任务总量的45%。针对两个检查井之间破裂变形程度相对严重的管段采用短管置换工艺，约占22.5%；针对两个检查井之间存在3处及以上的管段，同时点位的破裂变形程度相对较轻的采用CIPP整体修复，约占12.4%；针对两个检查井之间存在1个或2个点位的，破裂变形相对较轻的点位采用CIPP点状修复，约占7.6%；针对$DN800 \sim DN1200$，可进人管段，点位破裂变形较严重，对点位预处理后内衬钢套管后并做防腐后CIPP修复；针对$d1200 \sim d2500$的管道，存在3处及以上的管段的修复，水量较大，需带水作业的采用机械螺旋缠绕，约占2.5%（图5-13、图5-14）。

图5-13　短管置换修复成型效果　　　图5-14　CIPP管段修复成型效果

5.2.6　以智慧排水为引领提升管理水平

开发建设排水系统厂网一体管理平台，下设6个子系统：排水设施项目管理子系统、厂网动态监测子系统、管网隐患诊断子系统、管网隐患诊断子系统、厂网运行维护系统、厂网可视化监管子系统。通过智慧排水赋能，实现排水行业高质量发展，提升行业管理水平。

一是实现排水设施建设项目全生命周期管理，对排水设施的规划、建设进度、竣工等实现数字化，并通过项目竣工备案机制动态更新排水设施现状。

二是实现对排水管网及附属设施、污水厂、污泥处置点的巡检维护工作监管，并通过巡检养护动态更新排水设施现状。

三是通过在干管、区域或流域交接处、溢流口等30处关键节点安装液位检测仪、水质监测仪、视频监控等物联网设备并采集数据，根据业务规则设置预警阈值，为其他系统提供监测预警。以空间数据隐患管理、功能和结构数据隐患管理、连通性分析、错混接分析、隐患台账管理等为主要功能。

四是及时发现排水设施存在的隐患，并形成台账记录限期消除隐患，为运行维护管理系统和项目建设管理系统提供维护和改造、修复等规划依据（图5-15）。

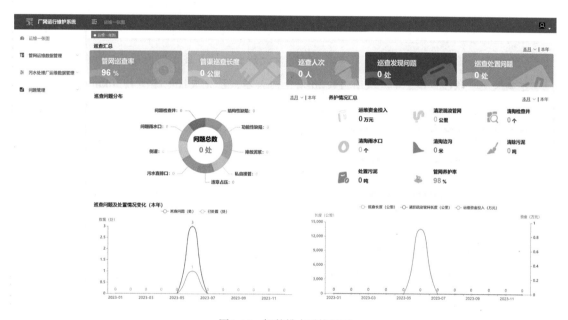

图5-15 智慧排水系统界面

【案例】以整改案例为借鉴因地施策

1. 桃花溪渔鳅浩：分流制片区"挤外水"典型案例

桃花溪渔鳅浩暗涵，起于重庆市动物园，止于渔鳅浩，全长约2800m，最深埋深约100m，在渔鳅浩流入长江。一方面，暗涵流经区域为桃花溪街、西郊三村、西城镜园、重啤花园、九龙村老城区以及重庆发电厂原灰场，排水基础设施薄弱，特别是暗涵的杨溪河支流上游大渡口区重钢片区和九龙坡区毛线沟片区生活污水直排暗涵，暗涵埋深大（最深约110m），且无检修天井，暗涵内污染整治难度大。另一方面，渔鳅浩入江口位于和尚山水厂上游，为最大限度避免对饮用水源造成污染，不得不在末端进行应急截流处理，将污水、河水混合水接入主城排水C干管，加重了下游鸡冠石污水处理厂的负荷。为降低污水厂负荷，九龙坡区扎实推进雨污分流、清污分流、源头治理、系统管控，从根源上彻底消除污水直排顽疾，做到"清水入江、污水入网"。

（1）多措并举加强基础资料获取

一是持续充实专业队伍，充分利用现有的7个作业班组，在日常巡查疏浚作业加入错混接、偷排漏排行为调查，每日台账记录，划分责任，落实整改，动态更新。自2021年该项制度实施以来，已累计排查发现问题70余件次，全部整改完毕。二是重视精细化排查中疑难点位联动排查，采用头脑风暴、资料风暴，由主管部门牵头，专业排查单位、街道社区、物业小区、企事业单位共同踏勘现场和搜集历史资料，形成数据档案。仅C干管服务流域，开展的实地联合排查已30余次，对90余处疑难点位开展资料和现场比对，梳理成果纳入整治方案。三是投入大量精力，开展内窥调查，专项清淤与CCTV联合运用，确保内窥调查成果精确率；同时对大断面箱涵开展人工内窥，查找错混接及结构缺陷。仅C干管服务流域断面在2m以上的箱涵，已完成10条累计约30km人工内窥排查，查找并整治接入箱涵的污水300余处。四是排水设施巡查维护经费纳入财政"六保"预算，小微急难病害通过维护经费即刻整治，确保工作专业、高效开展，年平均整治井盖2500余处，整治管网50余处，累计1100m，有效避免突发安全事故。五是通过地上地下相结合、人工和机器相结合、分段式、高难度的专业内窥调查和测绘，重新确定了桃花溪尾段暗涵河道的走向和边界，建立了准确档案。

（2）多管齐下组织整改方案实施

一是雨污分流效果把控方面，引入监测手段，开展重要节点分流前、分流后的水质及流量监测。如在渔鳅浩污水干管和暗涵河道，分别设置监测点，其中污水干管流量由原来的DN500和DN600各一根70%充满度的溪沟水和污水混合水，变成了仅一根DN500充满度约20%的污水；暗涵河道由原来一下雨就混合水翻坝溢流，变成了清水直接入江（图5-16、图5-17）。同时，严格使用国标管材，并严格落实入场报检、覆土前测绘、竣工前内窥。

二是建设分散污水泵站，对口解决地势低洼小区污水错接问题，在C干管服务流域，共建设6座泵站，累计提升污水约5000m³/d。

三是充分协商，因地制宜，与城市管理部门、属地镇街社区一起，结合文明城区、卫生城区创建，充分听取社区居民意见，在确保不影响城中村密集构筑物安全的条件下，以纯人工施工方式，"绣花式"治理城中村污水散排、直排、乱排问题。

四是实施城乡接合部管网更新，废除河道原有老旧病害管网，修建高防渗等级管网，彻底避免河水入侵。

五是同一片区空间雨污分流，同时落实结构缺陷修复，避免重复治理，尽量降低施

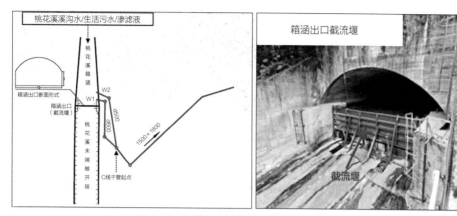

图5-16 渔鳅浩暗涵整治前末端出口截流示意图

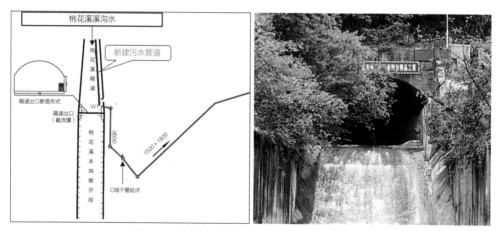

图5-17 渔鳅浩暗涵整治后末端出口截流示意图

工频次对居民生活出行的干扰。

六是流域排口及管网治理必纳入城市更新，解决历史遗留的排水管网合流、内涝等问题，做到"面子里子"共同提升。

（3）攻坚克难推动整改成效显现

通过全力攻坚，历时4个多月，动物园至渔鳅浩段暗涵河道内，共完成164处污水收纳、11000m³垃圾及淤泥清运，建设暗涵内部截污干管2580m，建设暗涵外部截污支管100m。同时举一反三，将整治延伸至该段暗涵上游桃花溪重点流域，共完成200余处错混接、120余处结构病害整治，同时最大限度利用现状用地，改造建设完成全市首座花园式污水处理厂——彩云湖污水处理厂，就近截取部分污水和初期雨水收集后进行处理净化，每日累计约3万m³/d地表水准Ⅳ类的优质水，直接补水彩云湖水库和桃花溪，并流入长江。经过以上综合治理提升后，动物园至渔鳅浩这段埋于地下四十年之久的黑臭暗涵，有了"准确档案"、恢复了"洁净之躯"、迎来了鱼虾嬉戏，真正实现了"污水纳管、清水出涵、清污分离、各行其道"，一波又一波的清水汇入长江。项目改造完成后，晴天减负约3万m³/d，雨天（暴雨）减负约7万m³/d，鸡冠石污水厂截污C干管不再负荷累累，九龙坡为鸡冠石污水处理厂减负，如期交出自身的答卷（图5-18）。

图5-18 渔鳅浩整改后现场照片

2. 溉澜溪：流域"厂网河"一体化治理典型案例

溉澜溪为长江流域的一级支流，总长度10.7km，主河道约6.4km（封闭箱涵3.2km，开敞式河道3.2km），支线约4.3km（全为封闭箱涵）。封闭箱涵基本为雨污混流通道，长时间累积导致下游部分开敞河道出现黑臭现象。按照黑臭水体整治有关要求，通过控源截污排水管网改造工程、初期雨水调蓄池工程、新华水库雨水提升站工程、内源清淤工程等工程措施，已于2018年基本消除黑臭。为进一步提高水环境质量，重庆市政府办公厅于2018年12月印发《重庆市主城区"清水绿岸"治理提升实施方案》（渝府办〔2018〕27号），将溉澜溪纳入主城区"清水绿岸"治理范围，按照全流域、系统化、"厂网河"一体化治理思路进行治理再提升，目前已完成治理提升任务，并取得了较好成效。

（1）明确任务分工，压实治理责任

由于溉澜溪河道横跨三区（江北区、渝北区、两江新区），既要统筹考虑工程建设和后期运维，又要压实各区政府治理主体责任，本项目采取了市级统筹、三区负责、统一实施的全流域统筹治理方式。市住房和城乡建设委员会牵头制定溉澜溪"清水绿岸"治理提升方案，统筹开展流域治理工作，做好溉澜溪"清水绿岸"治理提升工程推进、协调工作；渝北区政府、江北区政府、两江新区管委会作为溉澜溪"清水绿岸"治理提升工程责任主体，主要负责工程投资建设、运维费用、绩效考核等相关工作；市城投集团作为溉澜溪"清水绿岸"治理提升工程建设业主，负责实施溉澜溪"清水绿岸"治理提升工程，及后续5年运维等相关工作；相关市级部门按照职能职责做好配合工作。

（2）找准问题症结，明确整治思路

全流域开展了市政排水管道溯源及综合管线探测、箱涵及开敞河道地形图测量、河道底泥成分监测分析、排水管道及箱涵内窥、关键节点水质监测和24h水流量测量，排查出问题排口、管网错接等各类问题110余个。针对有关问题，经反复研究论证，按照流域"厂网河"一体化治理的理念，最终确定了管网改造、底泥清淤、水生态修复、新建水质提升站的多元治理思路。沿溉澜溪修建截污管道，将沿途低浓度合流水、污水接入末端水质净化站（4万m³/d）处理净化，水质净化站出水提升至河流前端用作生态补水，保障溪流生态基流，实现水清岸绿。在建设过程中，明确市城投集团作为溉澜溪流域内水质净化站、截污管网、河道生态修复、岸线治理提升的建设单位及后期运维单位，实现溉澜溪流域内的"厂网河"一体化。各区政府根据水质结果按效付费，提高了财政资金使用效率。

（3）落实齐抓共管，保障落地见效

为加快推进工程建设，协调解决具体问题，市住房和城乡建设委员会建立溉澜溪流域综合治理联动机制，数十次组织渝北区、江北区、两江新区、市城投集团及相关参建单位召开专题协调会，协调解决了项目责任边界划分、施工期间水污染防治、正式用电接入、新华水库设施移交等一批影响工程推进的卡点难点问题，同时每周调度、现场督办，确保工程按期完工。

通过雨污分流、河道清淤、水生态修复、水质提升站等提升了溉澜溪水质，同时还新建了景观步道，增加了亲水空间，有效提升了城市功能和品质（图5-19、图5-20）。

图5-19　溉澜溪整改前照片（2019年初）　　图5-20　重庆溉澜溪整改后照片（2021年底）

5.3　机制建设

5.3.1　完善治污资金保障机制

一是建立市级统筹、区级落实、市财政兜底的财政保障机制。印发实施了《关于授予重庆水务集团股份有限公司供排水特许经营权的批复》（渝府〔2007〕122号）、《关于调整重庆水务集团股份有限公司供排水特许经营权区域范围的批复》（渝府〔2020〕53号）等文件，城市污水处理厂建设均由市属国有企业出资，运维费用由市财政全额兜底，并将排水管网运维费用纳入政府年度预算。以2020年为例，全市污水处理费征收12.96亿元，不足部分（约26.65亿元）由市财政全额兜底，有力保障了污水处理企业的稳定运行，使区级财政有资金、有能力在城市排水管网建设运维方面"花大力气、下真功夫"。二是制定经费保障机制。印发《重庆排水管网设施养护维修定额》（渝建管〔2021〕78号）和《城镇生活污水处理领域贯彻落实重庆市第3号总河长令实施方案》（渝建排水〔2021〕25号），为排水管网设施养护维修管理提供计价支撑，合理确定和有效控制管网运维工程造价，明确各区县政府和市级有关部门资金保障责任，进一步提高了排水管网运维资金的政策保障力度。三是分级建立整治资金体制。维护资金治理小微急难病害，快进快出即刻整治，"维护包"工程不断档；结构缺陷专项工程集中治理，每年列入建设计划，逐年推进落实；危大病害抢险救灾专项工程立即治理，确保大的安全隐患及时消除。

5.3.2　落实排水许可管理制度

一是排水许可实现网上通办。重庆已将排水许可办理纳入"渝快办"政务服务平台，并公示了核发程序、范围等；截至目前，全市已办理排水许可证的单位总数为12357个，较2018年提升近46倍，排水许可核发比例为38%；其中，工业企业、医院等重点单位的已办理排水许可证的单位个数为2196个，核发比例为70%。

二是规范排水许可监测程序。2020年出台了《重庆市城镇排水户监测工作指南（试行）》，细化了排水户分类标准，实行差异化管理，将城镇排水户分为重点排水户、一般排水户和临时排水户，具体是将列入重点排污单位名录的城镇排水户列为一类重点排水户，将未列入重点排污单位名录但属于20张床位及以上的医疗单位、实验室、月用水量500t及以上的餐饮企业和温泉企业、养殖场（或屠宰场、农贸市场）、洗车企业（或汽车维修企业）、加油加气站、垃圾中转站、其他取得排水许可的共8个类别列为二类重点排水户，将事业单位（包含学校）、小于二类重点排水户规模要求的医疗单位（或餐饮单位、温泉企业等）2个类别列为一般排水户，将施工作业或其他临时排水的列为临时排水户。建立了市—区（县）—综合建筑体三级管理体系，规范了市区两级监督性监测流程、比例、指标等，建立了排水户基本信息数据库。

三是开展中心城区排水系统监测。重庆市以中心城区为试点，开展从源头到末端的系统性监测评估，2020年以来对全市排水户、污水干管关键节点、污水处理厂开展了64次监督性监测工作，累计监测排水户8000余个，干管关键节点5300余个，污水处理厂1300座次，建立中心城区排水系统水质数据模型，研究大型排水户对污水提质增效的影响，指导推进大型排水户内部管网改造（图5-21、图5-22）。

5.3.3　探索行业管理机制改革

1. 推进厂网一体改革

重庆直辖之初，水生态环境总体质量不佳，急需迅速改善。但当时面临着处理能力不足、运行管理不规范、当期政府投资缺口大等问题，故采用政府购买城市生活污水处理服务的方式，通过授予污水处理企业特许经营权，扶持企业上市，短期内获得大量资金，快速完成了污水处理设施全覆盖，实现了从无到有。但由市级财政负责污水处理设施建设运维，区县负责管网建设运维的体制，造成了区县资金投入少，环保意识、责任意识弱化，政府角色定位不清，既当"裁判员"又当"运动员"。在当前生态环境要求日益严格、污水处理提质增效逐渐深入的背景下，实现厂网一体可有效解决当前运行体制的不足，实现污水收集处理从有向优的转变，推动排水工作

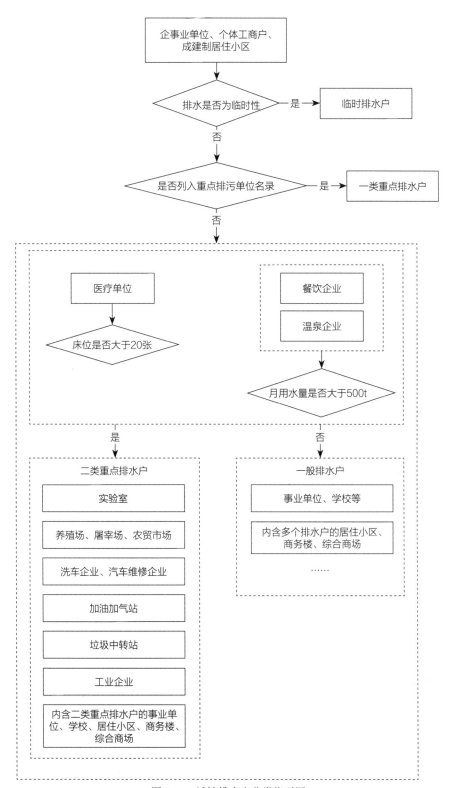

图5-21 城镇排水户分类指引图

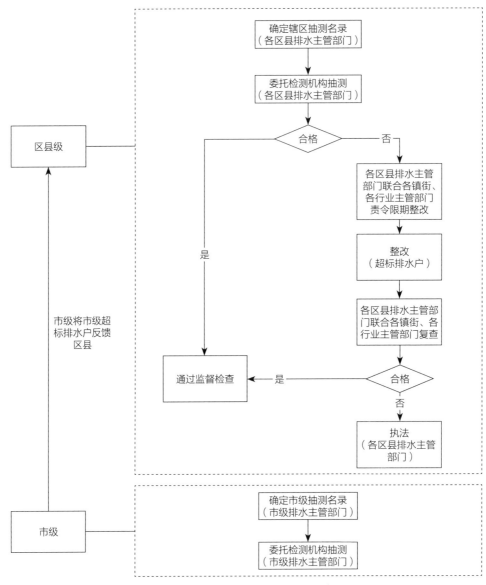

图5-22 城镇排水户监测性监测程序

高质量发展，筑牢上游屏障，担起上游责任。

一是提升管网融资能力，解决资金瓶颈。通过厂网一体运行，将污水处理厂和雨污水管网整体包装项目，弥补管网无经营性收益的缺陷，解决管网融资难的问题。如南川区将镇街污水处理厂及配套管网打包交由市环投集团和区平台公司实施建设运维，融资4.6亿元；荣昌区和市水务集团采用PPP模式，对乡镇厂网实施一体化建设运维，盘活存量资产。

二是转变政府管理角色，提高管理效率。通过厂网一体改革，构建了包含进水浓度、污染物削减量等多指标的综合考核体系，实现了从水量付费到效能付费的转变，进一步界定了政府监督管理和考核的职能定位。

三是建立流域协调机制。濑溪河流域厂网一体改革涉及大足、荣昌2个区县，城市污水处理厂5座、管网1500km和建设运营企业5家，为顺利推进改革，市住房和城乡建设委员会牵头建立濑溪河流域协调机制，定期统筹调度改革工作。

四是出台配套改革政策。市财政局和市生态环境局出台了《重庆市生态环境领域市与区县财政事权和支出责任划分改革方案》（渝财环〔2021〕32号），锁定了城市污水处理厂特许经营范围，给予区县自主决定权，支持区县开展厂网一体改革。

2．探索按效付费机制

基于目前污水处理厂存在进水浓度低、外水多、污水处理厂超负荷的现状，在尚未建立厂网一体运维机制的情况下，干管及污水处理厂的建设及运维归属企业，污水支管建设及运维归属各区县，在推动排水设施问题整改上，企业区县互相推诿，内生动力不足。重庆市以问题为导向，开展城镇污水处理按效付费机制系列研究，通过采取奖优罚劣的手段，压实区县和企业责任，主动挤外水、提效能，形成高浓度、高效能、低负荷、低能耗、高收集率的良性机制，即污水厂进厂污染物浓度若低于设定最低浓度要求时，市级财政支付的污水处理费将按差值予以一定比例的折减，通过污水处理费支付机制倒逼水务企业主动找问题、提升进厂污染物浓度，提高政府购买服务质量，财政"按效付费"，提高资金使用效率，不再为清水买单（图5-23）。

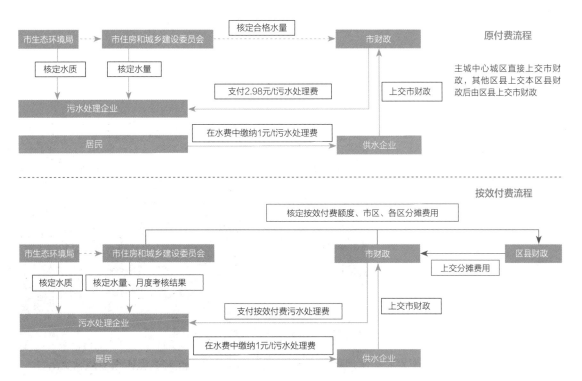

图5-23 按效付费机制探索示意图

5.3.4 建设共建共治共享机制

1．全面推行河长制工作

一是将黑臭水体纳入河长考核办法。重庆市委办公厅、市政府办公厅印发《重庆市全面推行河长制主要任务分解（修订）》（渝河长办〔2020〕14号），将河长制6大任务分解为72项任务，明确了每项任务的责任单位，特别是明确了市住房和城乡建设委员会为黑臭水体治理的责任单位。二是河长有名有实。河长制管理平台信息系统全面上线，包括巡河记录在内的智慧河长信息系统建设方案已纳入实施，以大数据智能化为引领的创新驱动发展战略行动计划，每年平均河长巡河发现问题约800个，其中污水直排、混接类问题约占1/3，此部分问题通过河长巡查完成整治，减少了污水外排量，提升了进厂污染物总量，提高了污水收集率。

2．定期开展"三江"排口巡查

市生态环境局、市住房和城乡建设委员会等多部门联合开展长江、嘉陵江和乌江排口定期巡查工作，同时委托第三方专业机构，充分运用卫星遥感、无人机、无人船、智能机器人等科技手段，再由多部门联合巡查组重点巡查疑似排污口，形成"天地结合、人机互补"的排查巡查机制，确保排口整改进度有跟踪、污水直排口无新增。

3．推进城市污水厂用地共享尾水共用

探寻污水处理厂尾水由"工程水"向"生态水"转化的解决方案，研究开发城市生态综合体的建设模式，释放城市土地价值，将污水处理厂的"负价值"转换为"正价值"，实现经济、社会、生态效益的"三赢"。如悦来污水处理厂，以较少的用地和先进的工艺达到优良的生态效果，以基础设施生态景观化黏合生产、生活、生态空间，化邻避效应为邻利效益，实现单功能环保设施向多元化城市环境综合体转型。污水厂顶部空间建设成城市公园供市民使用，污水厂尾水一部分作为市政杂用水，一部分通过热交换装置为周边居民区（约1100户）夏供冷、冬供暖，让曾经"有污点"的水变身为有品质的"绿色能源"，年运行成本仅为传统集中供能系统的40%~70%，比用户自建空调系统可降低投资40%以上，并可降低15%~30%的使用成本（图5-24）。

图5-24 两江新区悦来污水处理厂航拍图

5.4 取得的成效

在"抓规划统筹功能、提管网收集效能、增设施处理性能、挖资源利用潜能、探市场运作机能、强行政管理职能"六大重点任务工作有序推进的基础上，2021年重庆市中心城区全年污水处理厂污水处理量同比减少了1248万m^3，进水BOD_5浓度同比增长了2.64mg/L，进厂污染物总量同比增长了64.11万t。扎实推进了剥山水、去溪水、防倒灌、分雨水、限截流、治渗水等"挤外水、收污水"措施，污水处理提质增效工作初显成效。

5.4.1 污水收集处理指标持续向好

提质增效三年行动开展以来，全市各区新建污水管网1350km，改造管网818km，污水管网总长度同比2018年增长13.25%。2021年中心城区污水收集率达76%。完成46座区级城市污水处理厂扩容增量（148万m^3/d），扩容率超56%。截至目前，重庆共建成区级城市污水厂61座，总处理能力达412万m^3/d，污水处理能力同比2018年提升26.19%；实际处理量370.71万m^3/d，运行负荷率89.98%，现有的城市污水处理能力满足污水处理需求并有一定余量。

5.4.2 清水绿岸美丽生态逐步显现

按照习近平总书记在全国生态环境保护大会上提出的"基本消灭城市黑臭水体，还给老百姓清水绿岸、鱼翔浅底的景象"的指示要求，重庆自加压力，启动中心城区"清水绿岸"治理提升工作，截至目前，提升成效初步显现。

一是雨水净化系统逐步完善，20条河流流域范围内累计建成实现海绵城市建设目标的面积达343.58km²，占全流域建成区面积的83.6%，成为全市海绵城市建设样板，较好解决了初期雨水污染问题。二是滨水空间品质有效提升，20条河流累计建成岸线绿化缓冲带54.6km²，完成率达93.4%，苦竹溪示范段新增沿河生态廊道10km，清水溪在流域治理过程中，结合磁器口传统风貌区打造城市滨水活动空间。三是河流水质持续向好，20条河流施工期间水质稳定，建成河段水质不断提升，较治理提升前大为改观，通过生态补水，实现了主要河段全年不断流并保持生态基流。2021年全市长江干流水质及支流国考省考断面均达到上级考核标准。

5.4.3 人水和谐幸福指数节节攀升

重庆市按照海绵城市理念，全流域统筹推进主城区次级河流全流域治理，助力市民幸福指数节节攀升。跳蹬河强化水体岸线休闲游憩、健身娱乐等公共开敞空间功能，增强可达性、参与性和舒适性，让市民更加便捷地亲水、戏水、乐水。如今，在清澈见底的跳蹬河，"水下森林"已然成形，水草随着水流缓缓摇曳，鱼虾穿梭在水草间，人们不时在岸边休憩、散步，铸就了一幅有河有水、有鱼有草、人与自然和谐共生的美丽画卷。

5.5 经验总结

5.5.1 摸清底数是精准实施整治的重要基础

提质增效需要系统性科学性解决问题，而发现问题是第一步，摸清底数显得尤为重要。排查需从管网单一空间属性拓展到结构、功能及雨污错接混接全属性排查，从市政管网排查入手，覆盖到小区、企业等地块内"毛细血管"，才能全面查找污染源头，摸清影响污水收集处理效能的问题症结。

5.5.2 以点带面是解决重点问题的有效手段

聚焦问题关键点与整改发力点，化"大战略"为"小切口"，以点带面，示范引领，以面带全，整体推进，以重点流域水环境治理为示范，充分利用管网排查成果，开展地块管网—市政管网—污水处理设施—排口的全链条系统化排查改造。结合山地城市特点，开展主城区城市沿江排水口、截污干管整治优化工程项目研究和中心城区山水引流工程论证及工程等多项前期研究，开展剥山水、分雨水、防倒灌、限截流、扩能力等"挤外水、收污水"重点攻坚，全力提升中心城区管网水平。

5.5.3 融合发展是推动设施完善的有力保障

污水处理系统是水生态环境治理的重要支撑，是贯穿城市脉络的"生命线"，其存在的雨污不分、雨污混接、污水收集处理能力不足等问题深刻影响着城市的人居环境质量与可持续发展。要将污水处理提质增效工作融入城市建设体系，紧密结合城市更新、老旧小区改造、历史文化景区保护、生态环境治理等项目，统筹推进污水处理设施新建与管网更新整治，在实现设施提质扩能的同时，充分整合资源、发挥整体优势，有效提高资金使用效益。

5.5.4 齐抓共管是巩固整改成效的有效助力

城市排水管网错综复杂，加上历史因素，部分城市建成区地下管线混乱，整改难度大、任务重，只有坚持生态环境保护"党政同责、一岗双责"，落实地方生态环境保护责任，积极引导社会资本参与水污染防治项目建设和运营，形成"政府主导、部门协同、社会参与、公众监督"的共管共治格局，才能推动污水系统提质增效走实走深。

重庆市住房和城乡建设委员会：邹小春　陈析凤
重庆市市政设计研究院有限公司：黄善钦

6 成都

6.1 基本情况

6.1.1 中心城区概况

成都地处四川盆地西部、成都平原腹地，辖20个区（市）县和天府新区成都直管区、东部新区、高新区，市域面积1.43万km²，建成区面积1055.79km²，2021年全市常住人口2093.8万人。中心城区含锦江、青羊、金牛、武侯、成华5个市辖区和高新西区、南区。

成都地形为西北高、东南低，海拔一般在750m上下。属亚热带季风气候，具有春早、夏热、秋凉、冬暖的气候特点，年平均气温16℃，常年平均降水量1032mm，雨水集中在7、8两个月，暴雨短时强度大，冬春两季干旱少雨（图6-1）。

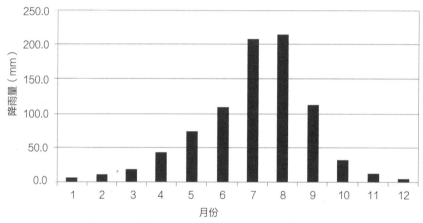

图6-1　成都市26年（1995～2020年）月平均降雨量

成都地处长江上游岷江、沱江水系，河流纵横，水网密布。市域主要河道27条，包括岷江干流（金马河）、锦江（府河、南河）、沙河等。2021年，成都市地表水水质总体呈优。

6.1.2 污水设施现状

1. 管网现状

经多年建设，成都市排水系统已基本确立雨污分流的排水体制，形成适度分散、就地处理的排水分区格局。截至目前，已建成市政排水管网20622.62km，其中，污水管网9458.76km，雨水管网10435.03km。管网系统不断完善，但仍存在一些不足。典型问题包括部分区域雨污合流、管网带压运行、雨水管网及排涝设施标准不足等。

中心城区（"5+1"区）已建有污水管网约3042km，共分为7个排水分区。其中第1、3排水分区受地势和东风渠的影响，向北、向东排放，处理后排入沱江水系；第6、7、8、9、10排水分区污水顺地势自北向南输送，处理后排入岷江水系（图6-2、图6-3）。

图6-2 成都市中心城区（"5+1"区）污水管网分布图

图6-3 成都市中心城区（"5+1"区）排水分区及污水处理厂分布图

2. 泵站现状

成都市中心城区现状污水管网均为重力流，无提升泵站。

3. 污水厂现状

成都市域现有城市污水处理厂33座，总设计规模356.57万t/d，平均负荷率87.56%，2022年平均进厂BOD浓度108mg/L。中心城区已建成投入运营的污水处理厂共10座，总处理规模达235.99万t/d，进水污染物浓度逐年上升，以BOD计，中心城区污水处理厂平均进水BOD从2018年的92.8mg/L提高到2022年的122mg/L（表6-1）。

成都市中心城区污水处理厂信息表　　　　　　　　表6-1

序号	污水处理厂名称	设计规模（万m³/d）	负荷率（%）	2021年进水BOD浓度（mg/L）
1	成都市第三再生水厂	20	84.03	192.21
2	成都市第四再生水厂	15	76.95	128.73
3	成都高新区西区污水处理厂及配套中水湿地	5.99	97.69	116.88
4	成都市第五再生水厂	20	81.62	95.84
5	成都市第七再生水厂	10	98.26	124.00
6	成都市第六再生水厂	10	74.65	120.58
7	成都市第八再生水厂	20	78.66	118.98
8	成都市第九再生水厂	100	99.77	98.72
9	成都市第十再生水厂	5	91.88	77.40
10	成都市第十再生水厂二期	30	80.41	150.96
	合计	235.99	89.85	116.90

以成都市第三再生水厂为例，从2019～2021年运行数据来看，BOD_5浓度呈稳步提升趋势，2019年BOD_5平均浓度约151mg/L，2020年BOD_5平均浓度约161mg/L，2021年BOD_5平均浓度约194mg/L，2019至2020年提升6.6%，2020至2021年提升20.5%，三年累计提升28.5%，提升幅度明显。其中第一季度提升11%，增幅最高为2月达30%；第二季度提升31%，增幅最高为6月达69%；第三季度提升39%，增幅最高为9月达43%；第四季度提升48%，增幅最高为10月达70%（图6-4）。

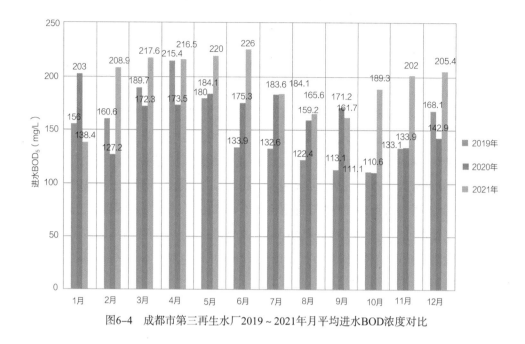

图6-4　成都市第三再生水厂2019～2021年月平均进水BOD浓度对比

6.2　典型做法

6.2.1　实施市政排水管网排查治理

成都市实施绕城内污水治理专项行动，以"摸清家底、全面体检"为原则，精心策划方案、周密组织普查，以《城镇排水管渠与泵站运行、维护及安全技术规程》CJJ 68—2016和《城镇排水管道检测与评估技术规程》CJJ 181—2012为标准，结合成都市排水管道重力流为主的特性，提前编制相应工作方案及普查作业规范流程，将普查规范和标准具体化、实物化，出台《成都市中心城区排水管网探测与检查技术指南及实施导则》（成水务发〔2017〕20号）。该导则规定了成都市排水管网检测基础数据采集、入库和分析应用的基本原则、内容格式和工作程序，形成现场踏勘、拟定工作计划、业主审核、组织实施、成果校验、检测成果的检测工作流程，按照排水设施特点及相关要素划分点、线、面三种数据类型，通过排水设施完整性、异常值、管道拓扑方法完成数据校核，统一了检查井、雨水口、排水口等排水设施的编码规则。

全市采用统一的平面坐标、高程系统，采集的设施数据包括排水设施平面位置、形态尺寸、流向、拓扑关系、权属信息、建成年代等空间数据，根据标准，符合CCTV检测条件的管道直接进行检测，不符合检测条件的管道先进行预处理，如堵截、吸污、清洗、抽水等措施后再对管道实施检测，并规定了管道录像的起始画面内容包括，道路名称、起始井及终止井编号、管径、管道材质、流向、检测时间等，要求CCTV管内行进速度不超过0.15m/s，检测的管道数据包括液位、腐蚀老化、破损、变形塌陷、断裂错位、渗水、错接、沉积等病害和问题，入库数据按照统一的标识编码规则进行编码，既统一了排水设施编码规则，又统一了管道检测手段，即采用以CCTV检测为主，QV潜望镜检测等为辅的手段，开展成都建城以来最大规模的排水管网普查，把问题找实、把根源挖深，累计探测7705km、检测5607km、预处理4171km〔管网探测包括采集排水管道的空间信息、形态尺寸、权属关系、建设年代等基础数据。预处理指通过高压清洗车、吸污车等专业设备，对管道进行冲洗疏掏、降水等工作，为下一步管道检测创造条件。管网检测以CCTV（视频检测）为主，配合QV（快检仪）对管道内部各个细节部位进行全方位观察和录像，形成视频成果，再由专业技术人员判读最终形成检测报告〕，清掏淤泥29861t，建立排水管网GIS系统，已发现重大病害7.9万处，密度达11.5处/km。旧城区管网修建年份较早，经检测已大面积出现不同程度损坏；此外一些新建管道也由于局部地质条件较差等原因而出现结构性和功能性损坏现象；与此同时，在建工程对周边已建排水管道造成影响甚至损坏的情况也时有发生，这些情况严重影响了城市排水的安全运行。普查发现主城区市政排水管网重大病害7.9万余处，平均每公里约14.3处（图6-5）。

2020年11月成都市委、成都市人民政府联合印发《关于优化水务管理体制 构建供排净治一体化机制的试行意见》（成委厅〔2020〕96号），成立供排净治一体化工作领导小组，建立日调度、周例会、月总结等机制，水务会同城管、住建、交管等部门，保障交通组织、占道施工作业等问题，每日备案作业计划，最大限度降低对市民交通及生活的影响。针对非开挖修复涉及的整体和局部修复工艺分别制定治理前、中、后3个视频要求，明确治理验收要求，提高工作效率，

图6-5　市政排水管网普查

全面加强病害治理进度及质量控制，通过随机抽样送检，确保治理效果。

成都市根据管道结构性缺陷评估结论，结合管道使用年龄、发生事故的概率和事故的影响程度，判断管道的修复必要性和优先性，综合判断采取何种手段进行修复。在经济允许的情况下，采用社会成本较低的非开挖修复技术，但在开挖难度不大或者不具备非开挖实施条件的工程，依然需要采用传统开挖修复，即"非开挖为主、开挖为辅"（图6-6）。

修复前

修复后

修复前

修复后

图6-6 市政排水管网病害修复

6.2.2 开展排水户排查治理

成都市制定《成都市中心城区排水户内部排水管网普查技术标准》（城绕水治办〔2020〕7号），组织开展绕城内住宅小区、公共建筑及企事业单位近1.8万个排水户内部排水管网普查治理，摸清管网病害、阳台（屋顶）污水排入雨水管、雨污错接连通等问题，建立问题台账并推进治理。截至目前，普查绕城内排水户13706户，其中，9176户住宅排水户无物业管理，占70%，存在重大问题7734户，占84.3%（管网重大病害3245户，占35.36%；雨污错接2911户，占31.72%；雨污未分流372户，占4.05%；阳台污水错排688户，占7.5%；其他问题518户，占5.65%）。

自2021年下半年起，由各区政府财政出资，市级财政补贴，开始对中心城区已查明排水户进

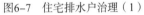

图6-7　住宅排水户治理（1）

图6-8　住宅排水户治理（2）

图6-9　住宅排水户治理（3）

行全面治理。因地制宜，对症下药，针对排水管网病害类型采用不同的方法工艺进行修复治理，对排水户错接混接乱接的情况，采取开挖铺设新管线解决错混接，实现雨污分流。对于管道存在塌陷等严重结构性病害的，采用开挖换管，恢复管道正常运行。对于管道腐蚀、接口材料脱落等病害，采用UV-CIPP紫外光非开挖修复工艺，解决管道病害导致的渗漏问题，恢复管网的正常使用。截至目前，完成绕城内排水户内部排水管网病害治理、雨污分流改造共计8209户，其中，住宅排水户6199户，占比75.5%；非住宅排水户2010户，占比24.5%，随着排水户内部排水管网病害治理和雨污分流改造工作的快速推进，目前绕城内雨污混流问题已得到极大改善（图6-7～图6-10）。

图6-10　住宅排水户治理（4）

6.2.3　加快构建智慧排水体系

1. 构建排水管网"电路图"

深入实施市政排水管网普查治理，采集7700km地下管网164项2430万个设施基础数据、50余万条动态检测视频，陆续更新管段修复后视频，整合构建市政排水管网GIS系统、BIM系统和雨污管网水力模型，建立"一街一档"，包含每条街道的管网基础信息及"体检"报告、治理前后内窥视频等，将覆盖540km²的市政排水管网建成排水管网"电路图"，实时显示地下管道管径、材质、埋深、流量、液位、走向等基础信息，为病害治理和日常管护提供数据支撑，辅助决策分析，提高管理效率。同时以街道为单元建立网格化分区，实行包片区、信息化、精细化网格管理，有序开展排水管网日常运行维护，管网运维数据及时上传GIS系统，发现数据错误及时修正，实现网格内排水管网数据的动态更新。

2．布设排水管理"电子眼"

结合市政排水管网普查治理，在地下排水管网安装第一阶段120处水质、水位智能感知设备，在锦江流域1201个市政排口安装视频监控及水质监测设施，分步建设排水管理"电子眼"，实施动态监管，实现信息化、账册化管理，实时掌握"水从何处来，流往何处去"，为及时发现管网病害、溯源追查违规排污提供强有力的数据支撑。

3．打造排水设施"遥控器"

坚持"三分治，七分管"理念，系统编制智慧排水建设总体规划，充分运用物联网、数字孪生等先进技术，归纳整理排水管网普查治理海量数据，递进式建设智慧排水系统，构筑决策分析平台，一体指挥调度厂网生产运维，合理调配污水处理能力，实现生产数据互享、突发事件联动、排水问题共治，破除碎片化管理模式，推动"厂网河"实现分散管理到一体运维的重大转变（图6-11）。

图6-11　成都市市政排水管网GIS系统

4．初步实现系统监测预警能力

通过获取感知设备实时监测数据，结合GIS排水系统、BIM系统和雨污管网水力模型，设置管道液位阈值，发挥预警功能，预判管道冒溢风险点位，有助于提高运维人员机动反应时间，及时到达风险点位，快速处置问题，特别是在汛期期间，预警功能将发挥重大作用。针对风险点位，建立问题档案，日常运维中排查溯源，分析冒溢风险原因，通过工程手段解决管道结构性状况，并以实时监测数据验证。

6.2.4 开展排口溯源工作

成都市对主城区所在的锦江流域开展常态化排口溯源监管工作，中心城区每天出动20余人次6车次进行排口专项监管巡查（除此，各地河长制工作部门开展排口巡查，并通过“河长制E平台”上报问题，由河长办交办至各地排查处理，需溯源排查的，由排水管理部门安排溯源排查），对巡查情况拍照记录，并建立工作台账。若发现有水下河，首先进行水质监测，若为污水下河，立即开展污水溯源，并精准定位产生污染源的排水户，派发至各区督促开展源头治理，各区定期报送整治情况，整治完成后，对各区整治后的排口、管网和排水户进行现场核查，同时对有水排出的排口定期进行水质复查，一旦发现水质再次超标，再次进行溯源和排水户排查，形成巡查—溯源—整改—复查的闭环机制，对污染源进行了有效动态清零。若排口出水为清水，开展施工降水溯源，对溯源出的施工工地建立清单台账，由各区结合清单摸清各施工工地降水信息后，在排口设立施工降水公示牌，公示牌明确施工工地名称、降水周期、日降水量、监督电话等信息，接受市民监管。

2022年1～10月，中心城区共溯源出4329个排水户问题，印发排水户整治通知32次，整改情况通报49次。截至目前，溯源出的排水户已整改3479个，剩余未完成整改850个，采取临时措施29个（图6-12、图6-13）。

成都市供排水监管事务中心
关于加快下河排口溯源排查出的工地问题治理工作的通知

成都轨道交通集团有限公司、成都建工集团有限公司：

日前，市兴蓉市政设施管理有限公司已完成对3条河道，共10处排口污水下河溯源的排查工作，共排查出16条街道存在27处排水户问题，现转发你们，请加强对溯源排查出的工地问题进行核查；同时加快对有问题的工地进行整治，确保雨污水管网的正确接入，无污水下河，彻底治理锦江流域排口排污问题，在整治中应确保污雨水正常排放，不得影响防汛安全。

成都市供排水监管事务中心
关于锦江流域雨水口排污问题情况和涉及的排水户问题整治情况的监管工作报告

市水务局：

根据工作安排，我中心持续开展锦江流域雨水口排污问题情况巡查工作和涉及的排水户问题整治情况的监管工作，本次于8月中旬组织人员对相关情况进行了核查，现报告如下：

一、下河口巡查情况

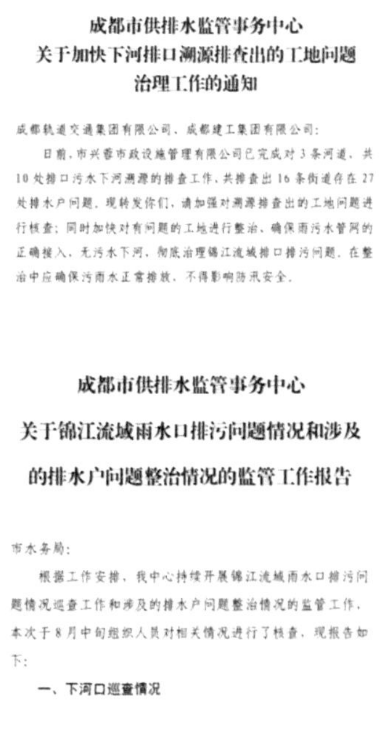

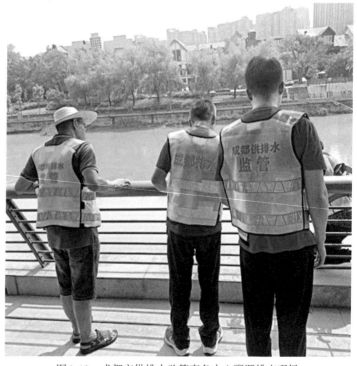

图6-12　成都市市政排水溯源排查问题通报示例

图6-13　成都市供排水监管事务中心溯源排查现场

6.3 机制建设

6.3.1 建设管理机制

1. 出台《成都市城镇排水与污水处理条例》

国家2014年颁布施行《城镇排水与污水处理条例》，四川省2019年修正施行《四川省城镇排水与污水处理条例》，两部条例更侧重于市政排水设施管理，涉及自建排水设施管理的内容较为原则，需要通过地方立法予以补充完善。同时，随着成都市城市能级不断提升，排水基础设施短板日渐凸显，排水行为监管需进一步加强。为全面建设践行新发展理念的公园城市示范区，持续推进以厂网一体化为重点的供排净治管理，提升排水基础设施支撑能力，成都市制定出台结合排水与污水处理工作实际的地方性法规。《成都市城镇排水与污水处理条例》（以下简称《条例》）包括总则、规划与建设、排水管理与污水处理、设施维护与保护、法律责任、附则共六章四十七条，明确了市和区（市）县人民政府及其相关部门工作职责，规定了镇（街）和村（居）民委员会工作要求和鼓励社会参与内容。在排水设施管理上还结合实际提出一些新要求，如市政排水管网竣工验收前必须进行管网内窥检测，检测流程参照《成都市中心城区排水管网探测与检测技术指南及实施导则》；每5～10年开展市政排水设施检测评估，组织实施修复和改造。住宅小区排水户源头监管不力、内部管网管护缺位是影响排水设施正常运行、造成水环境污染的重要因素。《条例》规定住宅小区共用排水设施应当符合相关规划和标准，新建住宅的阳台和露台应当设置污水管道，现有住宅未设置的应当逐步改造；鼓励住宅小区将共有排水设施委托给市政排水设施运行维护单位进行管理；实行自行管理的住宅小区，应当履行排水设施运行维护管理责任，对未履行管理责任并造成严重后果的管理主体可给予行政处罚。

2. 资金保障机制

按照《四川省完善长江经济带污水处理收费机制工作方案》要求，成都市已将污水处理费标准调整至补偿成本的水平。市水务局会同市财政局印发了《绕城内污水治理专项行动资金管理办法》（成水务发〔2021〕6号），明确了绕城内市政排水管网普查治理、日常维护等经费来源，建立了市区两级按比例承担费用的长效机制，有力保障了排水设施正常运维。市财政局将污水处理服务费、污泥处置服务费等纳入了财政预算统筹安排。

6.3.2 落实排水许可管理制度

2021年为深入贯彻落实国务院深化"放管服"改革要求，以"放权、靠前、强化监管"为原则，成都市将五城区内排水许可审批事项办理权限下放至区级审批部门，并由市供排水监管中心定期对五城区排水许可办理情况进行监管。为进一步规范城区排水户的排水行为，保障城市排水与污水处理设施安全运行，成都市多措并举，一是认真调查摸底，全面铺开排水许可证办理工作，规范生产、生活污水排放管理，工作人员主动上门宣讲《城镇排水与污水处理条例》相关内容，发放催办通知书，督促排水户按期办理。尽量简化办理手续，优化审批流程，提前联系申请单位进行预约上门现场踏勘服务，减少申请人的跑腿次数。二是扎实开展排水户复核工作。对已发放排水许可证的排水户进行入户复核，重点复核临时、正式排水许可证有效期，临时排水许可证最长不能超过施工期限；正式排水许可证有效期为5年，有效期满需办理延续手续。同时复核排水户名称、地址、法人是否与办证时相统一，以及查看餐饮类排水户隔油池使用情况等，杜绝违法违规排水行为。2019～2021年，成都市五城区范围内办理排水许可证1125件。

6.3.3 实施厂网一体运行调控

成都市做好顶层设计，2020年印发《关于优化水务管理体制 构建供排净治一体化机制的试行意见》（成委厅〔2020〕96号），着力构建供水、排水、净水、治水一体化、系统化思维，深入推进水的全生命周期全过程管理。优化管理架构，指导事业单位管办分离、事企分开，进一步调整明晰职能，加快构建全新水务管理架构。强化系统治理，打通排水"第一公里"和供水"最后一公里"，着力构建"从源头到龙头"城乡全域覆盖的安全供水格局，系统推进"厂网河"一体化排水管理机制，全面推行大流域统筹规划、小流域单元治理、全流域智慧管理的水生态治理模式，努力实现城乡健康水循环全过程统筹管控（图6-14）。

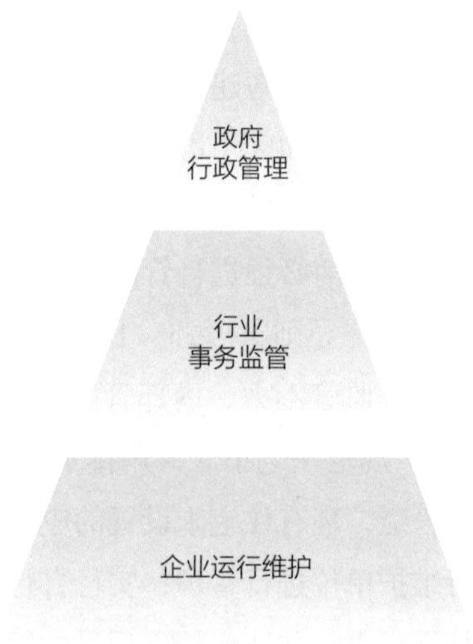

图6-14 供排净治一体化工作机制

实施一体化监管。剥离市供排水监管中心的设施管护职能，将其管护设施移交成都环境投资集团专业化管护；做实事业单位技术支撑、行政辅助和事务监管职能，建立定期检查、专项督导、随机暗访等形式的一体化监管机制，实现全域常态化监管；形成政府行政管理、行业事务监管、企业运行维护的三级管理架构。

推行一体化运营。市政排水设施实行特许经营，将中心城区7700km市政排水管网、95座雨污水泵站和9座污水处理厂等市政排水设施移交成都环境投资集团统一集约管护，实现厂网一体化运维。

开展资产评估划转。对移交设施有序开展资产评估，推动资源显性化，完成市管市政排水管网资产评估，按程序注入成都环境投资集团，创造存量资产经济价值，壮大国有资本，提升资产运营活力，积极缓解财政资金短期支付压力（图6-15）。

成都市实施厂网一体化特许经营，基本解决了市政排水设施碎片化管理协调难、厂网割据分离管理质效差等问题。在运维主体上，将中心城区7700km市政排水管网和9座污水处理厂特许经

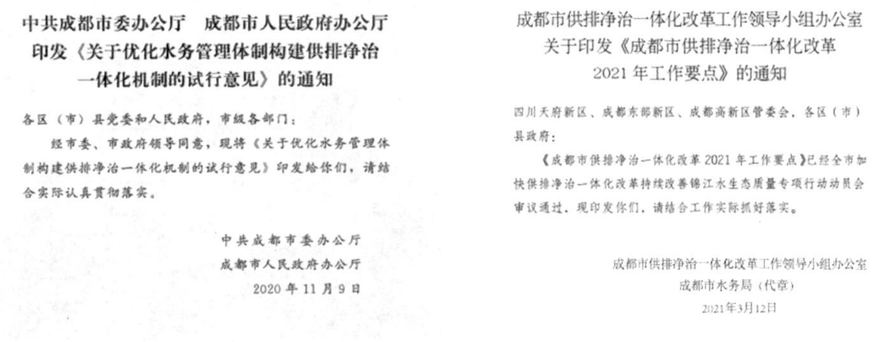

中共成都市委办公厅 成都市人民政府办公厅
印发《关于优化水务管理体制构建供排净治
一体化机制的试行意见》的通知

各区（市）县党委和人民政府，市级各部门：
经市委、市政府领导同意，现将《关于优化水务管理体制构建供排净治一体化机制的试行意见》印发给你们，请结合实际认真贯彻落实。

中共成都市委办公厅
成都市人民政府办公厅
2020年11月9日

成都市供排净治一体化改革工作领导小组办公室
关于印发《成都市供排净治一体化改革
2021年工作要点》的通知

四川天府新区、成都东部新区、成都高新区管委会，各区（市）
县政府：
《成都市供排净治一体化改革2021年工作要点》已经全市加快供排净治一体化改革持续改善锦江水生态质量专项行动员会审议通过，现印发给你们，请结合工作实际抓好落实。

成都市供排净治一体化改革工作领导小组办公室
成都市水务局（代章）
2021年3月12日

图6-15 供排净治一体化改革

营权统一授予成都环境投资集团，实现从碎片化管理到一体化管理的重大转变，主要体现在以几个下方面。

一是构建厂网联动机制。充分发挥成都环境投资集团区域供排一体化优势，统筹主城区供、排水两个系统，整合供、排水两类资源，建立供水水量系统预警、排水系统响应、厂网联动的协同处置工作机制，按照给水变化系数、污水折减等系数，自供水量推算排水量，根据供水、排水的"时间—流量"关系，可利用时间差提前对下游厂网发出预警信息，对主城区污水厂网实施一体化指挥调度（图6-16）。

二是建立厂网联动管理办法。建立日常分区包干为主、应急跨区协同处置为辅的厂网联动管理办法。分区自销：每日以片区供水量、污水干管节点水质水位、污水处理产能等数据为基础，结合气象信息及排水系统运行现状，综合研判片区污水产销关系，严格实施能销自销。跨区

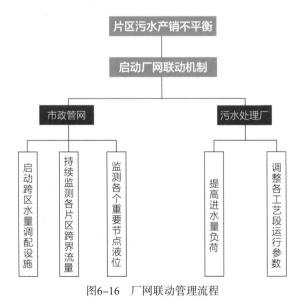

图6-16 厂网联动管理流程

协同：经产销研判，污水冒溢等风险仍存在，片区污水量仍超载，或再生水厂出现减产检修等状况时，启动跨区调水机制，制定污水跨区调配方案，运用污水干管阀门等设施进行片区流量管控，合理调动、发挥各片区污水处理厂产能；避免污水冒溢，充分发挥厂网联动"1+1>2"效益。

通过厂网一体化运行管理，排水系统抗风险能力显著提升，污水收集、输送、处理的协同效益充分发挥，污水冒溢现象显著减少（图6-17）。

图6-17 厂网一体化运行管理

6.3.4 优化管网运行维护机制

成都市依托供排净治一体化先行优势，中心城区由专业平台公司统一维护，同时加快智慧排水平台建设，逐步实现智慧化运维管理。

一是推行网格化管理模式。以街道为单元，对绕城540km²的排水设施进行网格化分区，将计划下达、任务执行、安全、质量、资料等管理工作逐层落实到相应网格中，分片包干，各级运维人员责任分明，各司其职，推动城市排水管网管理模式从点线分散管理向区域全面管控转变。借助GIS系统，实现每日2次设施巡视全覆盖，及时发现并处置污水下河、污水冒溢、排水不畅、设施损坏等排水管网突发事件，确保设施正常运行。

二是打造智慧化排水系统。依托排水管网普查工作，采集完成约7800km排水管网、22万座检查井、21万座进水井的基础信息；在排水管网关键节点布局智能感知设备，实时监测水量、水质、液位等管网运行数据；借助GIS系统，实现所有数据数字化、可视化，实时掌握地下管道管径、材质、埋深、流量、液位、走向等基础信息，深入分析研究，动态监管，并有效纳入日常管理；同步监管人员巡查轨迹、巡查问题反馈、巡查质量等，确保日常巡查工作落到实处，问题反馈高效便捷，事件处置快速响应。

三是实施周期检查整治工作。制定排水管网巡查维护标准，每年对雨水管网开展2次全覆盖检查疏浚，周期性对污水管网进行全面检查，对管网渗漏、破损等病害问题进行查漏工作，对发现的问题及时进行修复，确保排水管网运行良好（图6-18）。

图6-18 周期性检查疏浚

6.3.5 推动建立共建共治共享机制

一是强化联动执法。成都市水务、城管和各区形成联动机制，对乱排、乱倒、偷排漏排等行为定期开展联合执法检查，强化综合执法，形成工作合力，2022年针对餐饮集中区已开展5轮联合执法检查，针对施工工地已开展7轮施工降水执法检查。同时发挥"河长+警长"、水务+城管联动优势，开展非法排污、设障、捕捞、养殖、采砂、围垦、侵占水域岸线等专项打击工作，2022年以来立案侦查2起，抓获犯罪嫌疑人2人，2起案件均已移送起诉，对涉水违规违法形成强力震慑。

二是加强宣传引导。成都市定期开展排水宣传活动，借助报纸、电视、网络等新闻媒体发布排水相关工作，增强宣传力度，扩大宣传范围，加强信息公开，在问题排口设计整改公示牌，接受市民监督，通过宣传进学校、进社区、进企业、进机关，动员中央、省级在蓉单位和市民群众主动配合，积极参与全市污水治行动，依法履行义务和责任，形成共建共治共享的良好社会氛围（图6-19）。

图6-19 开展排水宣传活动

6.4 取得的成效

6.4.1 污水处理减排效益大幅提升

通过提质增效三年行动，成都市生活污水集中收集率从2018年的62.0%提高到2021年的71.4%。以成都市第三再生水厂为例，在污染物的削减量方面，从2019～2021年运行数据来看，污染物削减量逐年增加，2019年COD_{Cr}削减量20890t，BOD_5削减量9662t，TN削减量2049t，

NH$_3$-N削减量1964t，TP削减量208t。2020年较2019年COD$_{Cr}$削减提升约12%，三年累计提升约40%；2020年BOD$_5$削减提升约7%，三年累计提升22%。污染物削减量提升幅度明显（表6-2）。

第三再生水厂2019~2021年年度污染物削减情况（单位：t）   表6-2

年份 \ 污染物	COD$_{Cr}$	BOD$_5$	TN	NH$_3$-N	TP
2019年	20890	9662	2049	1964	208
2020年	23486	10371	2416	2407	240
2021年	29278	11743	2418	2273	254
累计增加	40%	22%	18%	16%	22%

6.4.2 河湖水环境持续改善

开展提质增效行动以来，成都市在做好顶层设计的基础上，推动控源截污、内源治理、生态修复、活水提质同向发力，并采取景观提升、长效管理等措施，全面推进锦江、沱江、金马河三大流域河湖水生态治理。全市水环境质量持续向好，国、省控断面水质全面达标，市控以上断面优良水体率提升至100%，较2016年的69.0%提高31个百分点（图6-20~图6-22）。

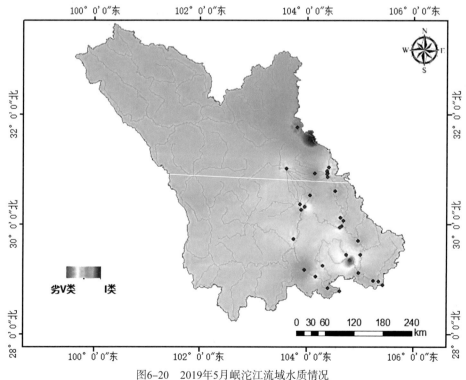

图6-20　2019年5月岷沱江流域水质情况

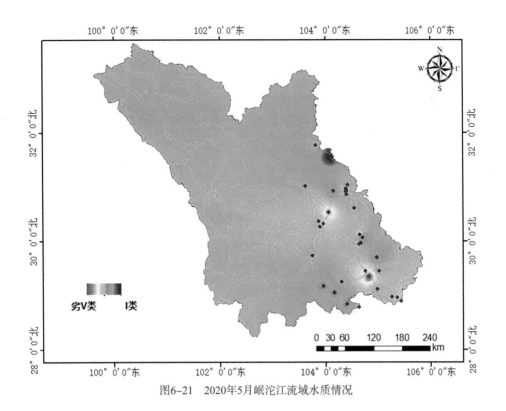

图6-21　2020年5月岷沱江流域水质情况

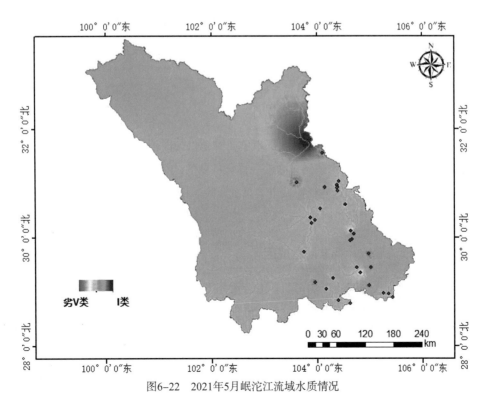

图6-22　2021年5月岷沱江流域水质情况

图6-23 锦江金融城段   图6-24 交子公园

43段城市建成区黑臭水体全面消除，全面消除Ⅴ类、劣Ⅴ类断面。2020年，锦江国控黄龙溪断面水质近20年来首次全年达到并持续保持在Ⅲ类以上。锦江成功创建全国首批示范河湖，"夜游锦江"成为城市又一张靓丽名片（图6-23、图6-24）。

6.5 经验总结

6.5.1 坚持系统思维，做好顶层设计

成都市积极推进立法，《成都市城镇排水与污水处理条例》已出台，将进一步规范排水行为，增强源头控污效果。同时加快规划编制。《成都市排水专项规划（2020—2035年）》技术成果已通过专家评审，规划落地后，"韧性安全运行、智慧低碳发展"的排水发展理念将得到践行。

6.5.2 注重改革创新，优化管理体制

为探索解决超大城市复杂水问题，成都市创新实施供排净治一体化改革。树立一体化理念，出台《关于优化水务管理体制 构建供排净治一体化机制的试行意见》，着力实施源水、供水、排水、净水、治水全过程管理，提升管控城市水系统风险、构建城市水健康循环体系能力。厂网一体化运维后，极大地提升了城市排水运行能级，污水提质增效得到了较快发展。

6.5.3 切实摸清底数，找准问题成因

成都市中心城区排水管网建设实行的是雨污水分流制，但由于中心城区内的老旧小区内部分流不彻底，部分小区内存在雨污混接、错接，污水管网局部漏损等原因，污水管内混入了一定量的外水。因此，全面摸清市政排水管网底数、日常开展排口溯源排查工作十分重要，这是制定治理方案的决定性因素，也是提高工作效率和收到工作效果的关键。

6.5.4　开展源头治理，改善收集能力

成都市全面开展管网重大病害治理对改善污水收集能力产生了立竿见影的效果，但仍有动态污染源和外水不断出现，因此，排水户治理成为进一步解决雨污混排和挤出外水的关键点，通过一段时间的治理后，2022年汛期管网的运行压力得到了极大的缓解，外水挤出效果显著。

6.5.5　强化排水监管，规范排水行为

成都市开展供排净治一体化改革后，实施供排水一体化监管，剥离市供排水监管中心的排水设施维护职能，将所属企业划转国有公司，做实技术支撑、行政辅助、行业监管职能，实现全域常态化监管。改革以来，供排水监管部门充分依托专业化人员和设备，对全域排口、市政排水管网、排水户开展由表及里、由浅入深的专业化监管，通过水质检测、污水溯源等手段分析排水系统运行情况，针对"病征"及时开出药方，加以配合执法部门联动"治疗"，提升了污水提质增效行动效率。

成都市水务局：龚志彬　何剑　严欢　张铃敏　齐君　张驰

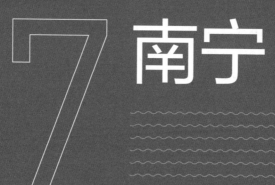

7 南宁

7.1　基本情况

7.1.1　中心城区概况

南宁地处我国西南边陲，位于广西壮族自治区南部，是广西首府。南宁市域总面积22112km²，现辖兴宁区、良庆区、邕宁区、青秀区、江南区、西乡塘区、武鸣区7个城区和横州市、宾阳县、上林县、马山县、隆安县1市4县。市辖7区总面积约9100km²，主城区面积约900km²，其中建成区面积455.66km²。

7.1.2　污水收集处理设施现状

1．污水管网

现状污水管道主要分布于主城区，武鸣区、东部产业新城、临空经济示范区和南部科创新城管网系统尚不完善。主城区现状污水管总长约1942km，现状合流管约244km，共计2186km。主城区现状污水管道主要分布在环城快速路以内，少量分布在三塘、龙岗北、龙岗南、邕宁等片区。合流管道主要分布在江南和埌东污水分区内，多为城市老城区，少量分布在三塘污水分区内，主要位于仙葫西和仙葫半岛片区。

2．泵站

主城区共有市政污水泵站30座，总规模约22.62m³/s。其中规模较大的有大坑口（5.556m³/s）、沙井（3.472m³/s）、罗赖（1.389m³/s）等污水泵站。主城区污水泵站分布密度约为10座/100km²，江南、埌东、三塘和五象污水分区各有污水泵站12座、7座、7座和4座（图7-1）。

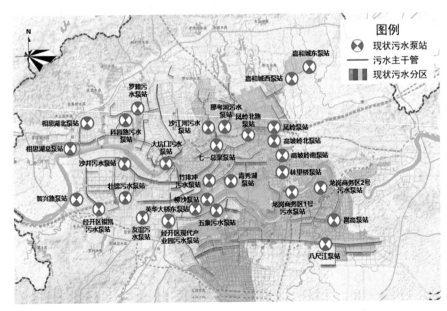

图7-1　主城区现状市政污水泵站分布图

3．污水厂

从2022年3月污水厂运行数据来看，进水BOD浓度大于90mg/L且运行较为稳定的污水厂有3座，包括北投中盟水质净化厂（原心圩江下游厂）、江南污水处理厂和沙江河污水处理厂，月平均进厂BOD浓度分别为129mg/L、93mg/L和91mg/L，较2021年同期提高比例为17.9%、9.2%和1.2%，较2020年同期提高比例为98.5%、52.5%、1%（图7-2～图7-4）。

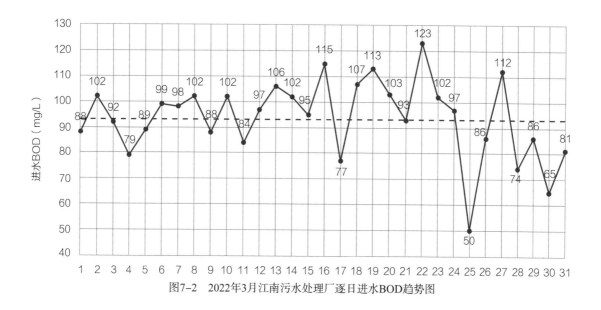

图7-2　2022年3月江南污水处理厂逐日进水BOD趋势图

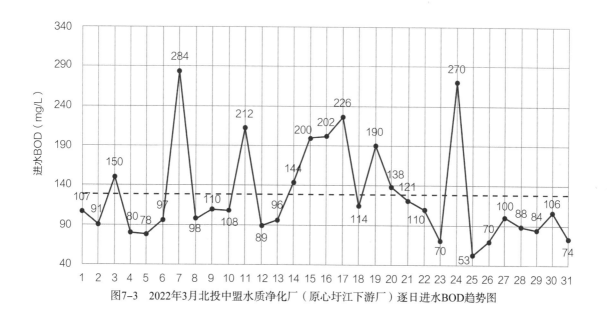

图7-3　2022年3月北投中盟水质净化厂（原心圩江下游厂）逐日进水BOD趋势图

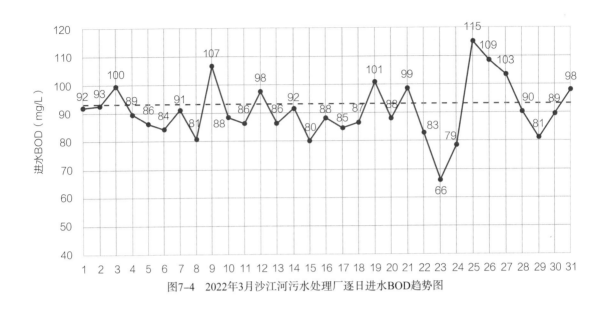

图7-4 2022年3月沙江河污水处理厂逐日进水BOD趋势图

7.2 典型做法

7.2.1 管网排查，摸清底数

2018年南宁市城市污水集中收集率不到30%，但市区污水处理总量已达到97.7万t/d，超过当时市区污水处理能力97万t/d，江南污水系统、埌东污水系统均处于超负荷状态，污水主干管网长期满管运行，合流制排口溢流问题突出。针对上述情况，南宁市实施了建成区排水管网专项普查及整治行动，按照"流域分区、排口溯源"的原则，开展建成区雨污管网普查，其中，污水管网按照"污水厂—泵站—排水户"开展污水管网系统排查，划定每座污水厂服务范围；雨水管网按照"排口—泵站—排水户"开展雨水管网系统排查，以内河流域范围为单元，整合普查信息，并建立南宁市排水地理信息系统（GIS）。

1. 市政管网普查

全面开展建成区范围内市政道路排水管网、排水暗涵（渠）、沿河截污管普查工作，全市累计完成排水管网排查约5733.94km，其中污水管约1942.48km，雨水管约3547.42km，雨污合流管约244.04km；排查发现排水管网存在缺陷长度约95.7km（其中雨水三、四级缺陷980个，污水三、四级缺陷1600个）、管道淤堵322.3km、污水管断头点位473处，发现雨污管网错混接点8545处。根据普查成果，分类制定整治清单，主要包括污水管网建设计划，雨污管网错混接点、断头管整治计划，雨污管网清淤修复计划等，并将各类整治计划列入年度城建计划分阶段实施整治。

2. 排口溯源排查

对建成区范围的城市内河及邕江排水口开展摸底排查，完成直排口、溢流口及违规排放口溯源调查3237个，发现河水倒灌口16处，全面了解掌握各类排口分布情况、排口属性，为污水直排口截污、合流制排口截流、江水倒灌口系统治理，解决内河污染与污水处理厂超负荷运行，科学制定排口整治责任清单等工作提供了基础数据。

以竹排江（东葛路桥至邕江段）排水口溯源调查为例，对排水口开展分类普查工作，共发现排口140个，其中直排口111个，溢流口29个。为了掌握排口污染物排放规律、类型及影响程度，摸清上游污水源头及传输途径，对旱天有水直排或溢流的排水口进行水质检测分析，同时从排口延伸开展污染源溯源调查。经溯源调查，该流域排口污水主要来自上游生活小区、机关企事业单位等地块生活污水错混接入市政雨水管道，少量水体为管道渗水所致。溯源调查为该流域管网建设改造工作提供了基础分析资料。

3. 小区地块管网普查

在完成市政道路排水管网普查工作的基础上，全面开展城中村和道路两侧地块内部排水管网普查，全市共完成城中村、住宅小区、学校、医院、企事业单位等4913个地块管网排查，其中雨污合流制地块1963个、雨污分流制地块2950个，累计完成排查管网长度约14675.7km，调查发现约29031个错混接点。同时，建立管网排查检测更新维护机制，结合老旧小区整治、城市更新等统筹推进小区内部雨污管网错混接整治。

4. 污水管网外水排查

在完成前三阶段排查工作的基础上，实施外水专项排查行动，全面掌握外来水入渗情况。通过对全市14个污水处理厂服务范围开展外水排查，完成了536处源头地块出水流量水质监测分析，掌握源头地块排水规律；累计发现排水管网外水入渗入流点1036个，发现供水管漏点579个，发现外水入渗总量达39.33万m³/d，为污水管网"清污分离"及污水处理厂提质增效、精准施策提供了数据基础（图7-5）。

以江南污水处理厂挤外水排查工作为例，排查工作按照"整体—分区—分级"的原则，分邕江南、江北两个片区开展详查，对进厂总水量、各泵站水量、主干管道节点、大流量排口实地监

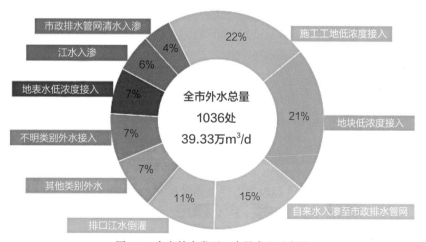

图7-5　全市外水类型、水量占比示意图

测，结合数据分析找准问题区域，以夜间管道内窥为主，结合白天溯源调查分析，锁定排水管道外水入渗点位。该厂排查雨污管网1776.6km，累计发现外水渗入点503处，总水量173225.3m³/d。

【案例】七一总渠片区挤外水

在对片区内排水管道开展内窥详查中，发现七一总渠片区供水和排水量存在严重不平衡，整体水质浓度偏低，对进厂水质浓度影响大。经查该片区为人口密集老旧城区，合流渠建设年代较久，漏损风险较大，通过对片区域供水管、排水管全面探漏探查，发现供水管漏损点149处，漏水量约3.8万m³/d（图7-6、图7-7）。

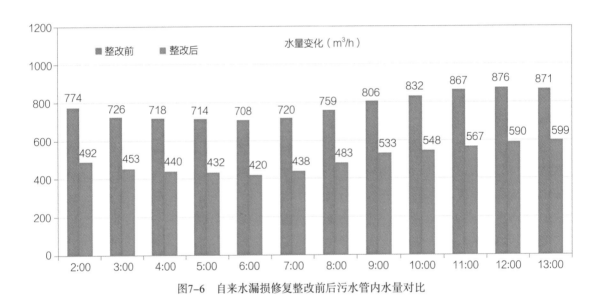

图7-6　自来水漏损修复整改前后污水管内水量对比

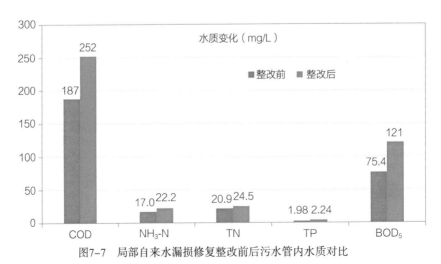

图7-7　局部自来水漏损修复整改前后污水管内水质对比

7.2.2 科学应用普查成果，完善污水管网系统

根据管网排查成果，按照"厂网一体、问题导向、分步实施、长效管理"的建设目标，全面实施建成区污水管网整治。

1. 开展污水处理设施攻坚战

2018年南宁市城市污水集中收集率不到30%，污水厂总处理规模为97万t/d，但市区污水处理总量已达到97.7万t/d，污水处理能力小于污水产生量；江南污水系统、埌东污水系统均处于超负荷状态，污水主干管网长期满管运行，合流制排口溢流问题突出。同时大量外水进入排水系统，导致南宁市主城区6座稳定运行的污水厂进水BOD浓度偏低，平均值仅为59.4mg/L。

南宁市针对建成区污水处理能力不足、进水BOD浓度偏低的问题，结合水环境治理工作，系统划定污水分区，制定污水处理设施补短板的分年度计划，印发实施《2018～2020年南宁市水环境综合治理新建和改扩建污水处理厂攻坚战工作方案》（南水环指发〔2018〕3号）。

2019年以前，南宁市建成区仅简单划分为4个一级污水分区，分别为江南、埌东、三塘、五象污水分区。其中，江南污水分区面积最大，约占建成区总面积的42%。攻坚战实施后，江南污水分区内新建朝阳溪水质净化厂、心圩江上游水质净化厂、心圩江下游水质净化厂、西明江水质净化厂、水塘江水质净化厂，江南水质净化厂同步实施三期扩建，2020年底，5座新建污水厂和江南厂扩建全部建成投产，污水处理能力从2018年的48万t/d提升至98万t/d；此外，埌东污水分区服务范围内新建茅桥水质净化厂，三塘水质净化厂服务范围内新建那平江水质净化厂，五象水质净化厂服务范围内新建物流园水质净化厂，至2020年底，通过对二级污水分区进行优化调整，基本实现了污水按流域收集，就地分散处理。

通过实施污水处理厂建设攻坚战，建成区2018～2021年完成新建污水处理厂8座，改扩建污水处理厂4座，新增污水处理能力共计86万t/d，全市污水处理能力达到183万t/d，污水处理厂平均进水BOD浓度从2018年的49.9mg/L提升至2022年的73.17mg/L，生活污水处理能力已能够满足城市污水处理需求。

2. 实施市政道路污水管网补短板

根据管网普查成果，建成区缺失污水管网的市政道路约200km。为全面补齐污水管网短板，印发实施《南宁市建成区现状道路污水管网建设计划（2018～2020）》（南水环指发〔2019〕3号），分年度下达项目建设清单。2018～2020年南宁市建成区完成污水管网随道路新建、补短板建设市政道路污水管网约645km；同步实施污水管网缺陷修复，2018～2022年完成管网清淤修复约555.89km，完成雨污管网错混接点改造8545处。

3. 实施雨污水管网系统化整治

根据管网普查成果，按四种类型分类下达实施整治计划，第一类为经营性场所错混接点，由各地块权属单位负责实施改造；第二类为在建工地错混接点，由工程建设单位负责实施改造；第

三类为住宅小区错混接点，属于开发小区的由原开发商进行改造，其他老旧小区、无物业小区由属地政府实施改造；第四类为市政类型错混接点，由市级平台公司实施改造。

错混接点改造涉及排水户类型多且分散，为确保改造方案科学合理且经济可行，由市住房和城乡建设局牵头编制《南宁市排水管网错漏混接改造工程技术指引》，并组建技术服务小组，每个城区配套一支服务队，现场指导改造工作。

4．实施污水管网系统"挤外水"

根据外水排查成果，南宁市分批下达实施外水点整改任务。针对不同外水类型，采取不同措施开展专项整治。对于自来水入渗的情况，组织相关单位立即修复供水管漏点及排水管道入渗点；对于施工工地降水的情况，加强工地监管，创造条件将工地基坑降水排放至附近水体；对于地块低浓度水接入的情况，结合地块内部供水管探漏、排水管道更新、清淤疏通、清污分流改造等手段，共同推进地块内部整治。为保证整改实施，将任务清单的外水点信息录入南宁市排水管网地理信息系统（GIS），建立排查—整改—销号的外水点整改机制，实现在线跟踪整治进度，及时跟踪整治复核，监督落实整改成效。至2022年底，整改完成主要外水点90个，减少外水入渗量约10.03万m³/d（图7-8、图7-9）。

7.2.3 系统施策、统筹治理

为推进城市污水收集处理系统提质增效高质量发展，南宁市对全市各污水处理厂开展"一厂一策"实施方案编制工作。方案编制遵循"遵循规划、问题导向、全面覆盖，系统治理"的思路，以提高污水厂进水浓度为目的，着力解决外水入侵和雨污错接、大管渠清污分流等问题，把

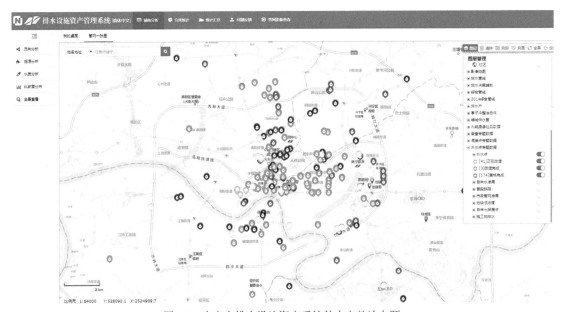

图7-8 南宁市排水设施资产系统外水点整治专题

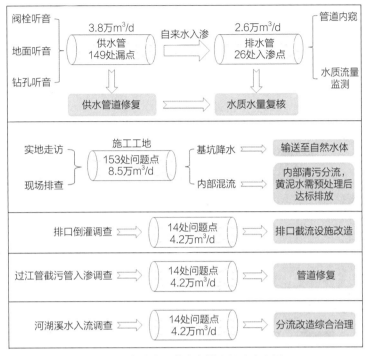

图7-9 部分类型外水点排查整治流程图

解决突出问题与建立长效机制相结合，充分挖掘污水系统生活污水收集和处理潜力，促进水生态系统不断提升。

【案例】江南污水处理厂案例

该厂服务范围101.0km²，2019年实际污水处理量20976.36万t/d，约占建成区污水处理总量的35.83%，年平均进水BOD浓度72.77mg/L（图7-10）。

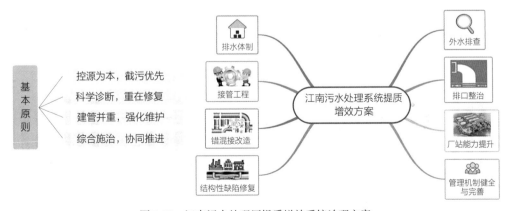

图7-10 江南污水处理厂提质增效系统治理方案

（1）系统分析，精细谋划。以江南污水厂服务范围作为一级控制单元，以污水流域作为二级控制单元划分依据，以泵站服务范围和截污干管走向作为三级控制单元划分依据，将研究范围划分为9个排水分区。系统统筹考虑源头、过程、末端等各类设施和工程，突出工程与问题之间关系，因地制宜解决问题；通过监测、模型等技术手段进行定量分析和评估，摸清各片区的突出问题（图7-11）。

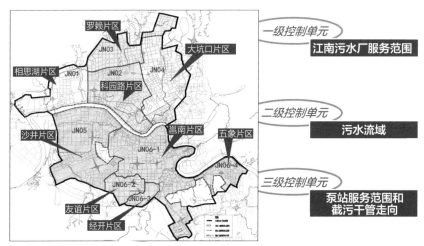

图7-11 江南污水处理厂排水分区划分示意图

（2）定量分析，精准把控。根据现状用地性质、主要道路、现状水系、水表计量数据等计算各子排水分区污水量，结合监测数据与实际污水输送量进行比较分析；再根据单元服务人口与人均污染负荷当量计算各控制单元内污染负荷发生量，结合各控制单元关键节点（泵站或主管）的污水浓度和污水输送量实际监测数据，通过对比分析获得各控制单元的污水管网收水效能和纳污效能。综合考虑各片区水量法和负荷法计算结果、排水体制、综合用地类型等，将存在问题的5个片区按照水量效能和负荷分为3大类型（高水量、高负荷效能片区；高水量、低负荷效能片区；低水污染负荷量、低负荷效能片区），然后围绕5个问题片区展开详细问题诊断（图7-12、图7-13）。

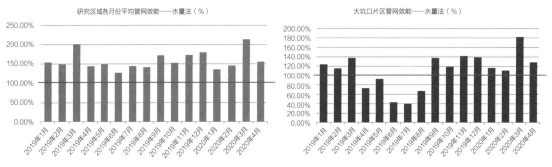

图7-12 江南厂各片区管网效能——水量法（%）

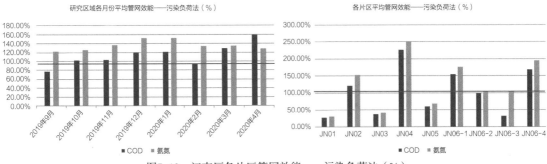

图7-13　江南厂各片区管网效能——污染负荷法（%）

（3）重点分析，管网诊断。根据各片区污水管网效能分析成果，结合南宁市典型排水户现状水质水量数据，运用技术手段（排水体制合理性判断、外水问题诊断、错接混接点问题诊断、断头淤堵点问题诊断、污水溢流问题诊断），系统分析污水管网现状问题，有针对性地实施整治措施（图7-14）。

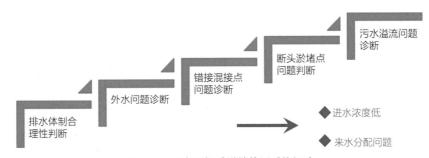

图7-14　江南厂提质增效管网系统问诊

7.2.4　工程改造及修复

1. 管网修复与改造工程

（1）错混接点改造工程

2019年以来，市住房和城乡建设局分期分批次下达了8545个市政道路雨污管网错混接点改造任务，按照经营性场所、在建工地、公园公厕、垃圾转运站、住宅小区、工业企业、医疗机构、教育机构等进行分类实施，压实各城区整改主体责任。梳理错混接点改造行业督导责任清单，落实住建、工信、教育、卫健、市场监管、市政园林等行业主管部门督导责任，多措并举推进雨污管网错混接改造。同时，市住房和城乡建设局建立雨污管网错混接改造复核跟测销号制度，确保逐一整改销号。委托第三方机构对错混接点改造效果开展跟踪测绘、复核、检测，出具复核跟测评估报告，跟测合格方可组织竣工验收，改造点竣工验收后动态更新至排水地理信息系统（GIS）。2020年底，已完成所有下达的错混接点改造销号任务。

（2）支管到户工程

加大工业企业废水排放监管力度，将已核发排污许可证的企业纳入"双随机、一公开"抽查检查工作，由市生态环境局委托第三方检测机构结合环境风险隐患排查等专项工作，对建成区内的沿街经营性单位和个体工商户等"小散乱"排水户进行支管到户管网改造，共累计排查出建成区"小散乱"排水户199户，现已全部完成整改。

（3）污水管网渗漏整治

开展污水管网结构性检查。$DN300$（含）以上的采用CCTV电视摄像系统检查，$DN300$以下的采用内窥镜检查，及时发现管道缺陷，并进行开挖工程修复或非开挖修复。同时，对修复后的管线进行跟踪测绘及内窥检测评估，实现南宁市排水管线数据库动态更新，加强排水管线质量管理。

（4）集中修复老旧管道

南宁市建成较早的街区，房屋密集，交通量、人流量大，市政管网设施维修养护对市民出行影响较大，且部分道路由于地形原因高差大，大部分情况下的市政管道维修不适于采取开挖方式进行管道修复，因此多采取对交通影响小、施工周期短的非开挖修复方式进行市政管道维修。目前，在南宁市已实施的管网非开挖修复项目中管径d800mm及以下的排水管道较多采用的方法是点状原位固化、紫外光固化法等修复工艺；管径d800mm以上的排水管道多采取喷涂法内衬修复、垫衬法修复等修复工艺（图7-15~图7-19）。

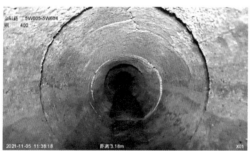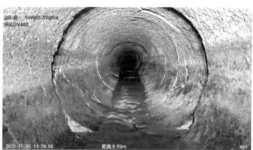

图7-15　南宁市金阳路修复前污水管内图

图7-16　南宁市沙滨路污水管道点状原位固化修复现场图

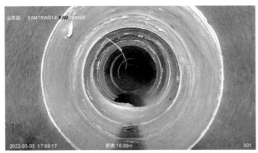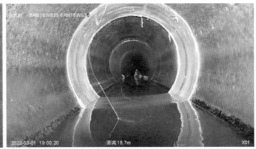

图7-17 南宁市金凯路污水管道点状原位固化修复后管内图

图7-18 南宁市金阳路紫外线光固化修复现场图

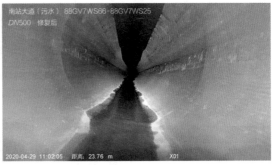

图7-19 南宁市金阳路紫外线光固化修复后管内概况图

2. 沿河排口排查整治工程

对河道直排口开展溯源调查，全面摸清城市河道范围内排水口底数，详细登记排水口的位置坐标、权属、口径、属性（污水、雨水或合流）、是否存在晴天溢流、溢流水量等信息，并针对排口上游管网溯源排查，查清污水源头、管网隐患及错混接情况，按照"一口一策"的原则，有针对性地实施整治改造。

【案例】民歌湖P2排口排查整治案例

民歌湖P2排口属于民族大道东流域，排水口尺寸为6m×3m，服务面积为453.8ha，P2排水口所在流域内雨水管网长度59.7km，污水管网长度28.5km，雨水汇集后由P2排水口排入民歌湖，旱季日均排入污水量约2.3万t，COD浓度为218mg/L。其上游排水管网情况错综复杂，存在雨、污水管道错接、漏接、管道淤堵、封堵、现状溢流堰破损、截流效果差等问题（图7-20、图7-21）。

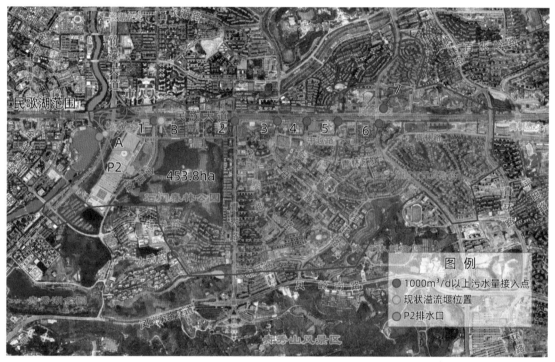

图7-20　P2排水口流域范围图

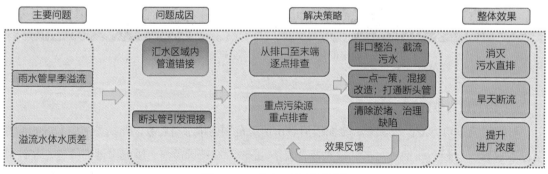

图7-21　P2排水口治理思路图

经过实施民族大道管网提升改造工程，对民歌湖P2排口上游排水管网进行改造，包括新建污水管网、雨污混接点改造、疏通淤堵管网、管道缺陷修复等。民歌湖P2排口所在流域范围内的污水被引入竹溪大道、厢竹大道污水干管，最终进入琅东污水处理厂进行处理，民歌湖P2排水口晴天已无污水排出，达到了收集污水、挤出外水的预期效果。主要治理措施如下（表7-1、表7-2）：

（1）截污改造

P2排口改造类型表　　　　　　　　　　　　　　　　　　　表7-1

错接类型	点数（个）	改造方式	改造简要说明
污水管错接入雨水管网类	108	纠错	1. 对于小区污水直接接入市政雨水管的，新建污水管道，将污水引入污水主管； 2. 对于污水管接入雨水预留井的，该雨水井如无雨水接入，封堵该预留井与雨水主管的连接，新建污水管，将该井与污水主管连接
雨水管或雨水口错接入污水管网类	31	纠错	1. 分析错接类型，对于局部雨水口接入污水管，综合分析后确认是否改造； 2. 对于雨水管接入污水管类，进行纠错改造
小区雨污分流不彻底	56	截流	1. 设置截流井，截污改造； 2. 根据截污流量大小、管径大小、上下游现状及排水管道标高，采用溢流堰式截流井
管道末端无出路	6	封堵或接通	1. 对于溢流连通类，封堵连通管； 2. 对于断头类，新建管道接通上下游管道

（2）清除淤堵

P2排口改造流域范围内市政现状排水管道全部进行清淤，排水清淤管道总长度77km，淤泥、建筑垃圾等约5万m³。

P2排口清淤类型表　　　　　　　　　　　　　　　　　　　表7-2

类型	清淤方式说明
检查井、雨水口	以人工清淤为主
淤积物以污泥为主的管道	采用高压水枪清冲洗的方式，清理后进行泥水分离，将淤泥运至污水厂进行无害化处理
淤积物以建筑垃圾为主的管道	采用高压水枪冲洗，泥水分离后，按照建筑垃圾进行处理
淤积物以混凝土、石块等为主，且管径为800mm以上的管道	采用人工或小型器械破碎的方式进行清淤，对于管径过小、无法进行破碎清淤的管道，整体拆除重建

在各管段清淤完成后及时对管道及检查井缺陷进行治理,对于破损较小的管口,用防渗水泥修补;对于损坏严重的管道,对损坏部位进行局部重建。

(3)改造现状溢流堰

P2排水口上游设置有两处堰式截流堰,分别位于会展民族路口和民歌湖沿岸截污管处,无河水倒灌现象,但现状截流能力不足,截流堰经多年使用出现损坏,堰体出现豁口,导致污水溢流。经设计重新核算(截流倍数取2),对两处截流堰采取了修复豁口及加高堰体高度的改造措施(会展民族路口处由现状0.41m加高至0.65m,沿岸截污管处由现状0.34m加高至0.53m)。改造后恢复其截流功能,P2排水口旱天无污水溢流入河(图7-22)。

图7-22 P2排口改造前(左)与改造后(无污水排出)(右)对比

3. 城中村污水收集工程

南宁市大部分城中村为合流制排水体制,生活污水在城中村地块内没有得到有效收集,有些城中村的坑塘成为生活污水的集中排放点,形成黑臭水体;有些城中村为建设开发需要,对穿村而过的排水通道的上部覆盖后形成雨、污合流暗渠,给日后的溯源和改造增加难度;有些城中村,虽未对地块内的排水通道进行填埋或覆盖,但污水直接排入造成污染。降雨时初期雨水将地表垃圾和污染物冲刷进入排水通道,排放至下游水体后造成污染。

在近年的水环境治理过程中,南宁市考虑到城市建设改造对城中村的影响,有针对性地制定和采取了一些工程措施对城中村排水系统进行改造。一是在规划建设较为规范的城中村,如埌东、埌西、仙葫等区域新建污水管或雨水管,完善管网系统,并对雨污水错接混接点进行整治,逐步推进雨污分流改造。二是对城中村集中汇流的排放口进行截流整治,新建CSO调蓄池,进一步控制合流制溢流污染,如朝阳溪、那平江、亭子冲、马巢河等流域。三是因地制宜,采取分散处理的方式分片区开展污水收集和处理,局部增设一体化污水处理设施,先期解决城中村污水散排直排污染的问题,如那平江流域昆仑大道以北的三塘镇片区。四是结合征地拆迁,对流域周边的城中村进行海绵化改造,削减地表径流产生的初期雨水污染,打造城市公园,提升居民生活品质,同时拓宽疏浚河道,减少城中村内涝积水,如朝阳溪连畴村区域和亭子冲扫把岭区域。

7.3 机制建设

7.3.1 建设管理机制

1. 依托《南宁市城镇排水与污水处理条例》确立管理框架

由于大部分排水与污水处理设施维护主体不明确，职责不清晰，加之未划分设施保护范围，未明确禁止危及设施的活动，部分设施经常损坏，修复工程复杂，耗费时间长，严重影响生活污水处理。

2022年1月15日经广西壮族自治区第十三届人民代表大会常务委员会第二十七次会议批准，《南宁市城镇排水与污水处理条例》（以下简称《条例》）正式公布，自2022年3月1日起施行。结合南宁市实际，《条例》共设置了三十七条，明确了有关城镇排水设施规划、设计、建设、验收、运维、管理全工作链条各有关责任单位的工作义务和工作重点，构建了南宁市排水管理架构。

一是明确政府的排水与污水处理工作领导职责，理顺相关部门之间的关系，采用特许经营模式，将排水与污水处理设施委托专业运维单位，由排水主管部门进行监管和考核。二是明确建设项目规划方案审查时，应同步征求排水主管部门的意见。排水主管单位要加强对工程质量的监督检查，在隐蔽工程完工前，应当进行竣工测量，确保排水与污水处理设施符合建设标准。加强项目竣工验收与移交管理，规定只有经过竣工验收合格，方可交付使用。三是在运营维护方面，以排水户红线内与公共排水系统连接的最近排水检查井为界，划分公共和自建排水与污水处理设施的运维主体。市区范围内的市政雨污管网、各排涝泵站及污水泵站由特许经营单位统一负责运维，自建排水与污水处理设施根据不同情况分别由产权人、委托管理单位、物业服务企业负责。由排水主管部门对运维单位的履责情况进行监管和考核。

2. 资金保障机制

明确污水、排水设施运营维护资金来源，建立运营维护资金保障机制。污水处理设施、排水管网运营维护按效付费，年度运营维护服务费用纳入市住房城乡建设部门每年度一般公共预算统筹安排，全面保障建成区污水处理管网、泵站、污水处理厂、排水设施等相关设施运营。2019～2022年专项部门预算安排支出：污水处理服务费及代征手续费用37.72亿元，排水设施运维费3.23亿元，用于城市污水收集和处理、设施运营维护、排水设施的运营维护工作。

创新投融资渠道，积极引入社会资金。南宁市积极引入PPP模式，设立政府引导基金，充分发挥财政资金的导向作用和乘数效应，撬动社会资本支持全市污水提质增效项目建设。2019年以来，市财政累计安排22.40亿元用于水环境治理PPP项目按效付费；安排污水管网功能性修复项目、内河全流域治理等重点项目资金79.57亿元（含PPP项目前期费）；累计以奖代补拨付奖励资金240万元，鼓励在PPP项目推进中表现优异的PPP项目公司。

7.3.2 加强排水户管理和排污企业管理

南宁市出台了《南宁市人民政府关于加强市区排水设施规划建设管理工作的实施意见》（南府规〔2018〕8号）、《南宁市人民政府关于进一步加强市区排水设施规划建设管理的通知》（南府规〔2019〕34号）等一系列文件，进一步加强实施排水和排污许可制度，明确了需要申领排水许可证的排水户类型，提出了加强排水许可审批后监督管理的相关要求，加强排水许可事中事后监管，按不低于10%的排水许可证发放比例随机抽取排水户，对排水户的排放口设置、连接管网、预处理设施和水质、水量监测设施建设和运行情况开展例行检查，督促排水户按规划审批要求规范排水行为。

由生态环境部门负责建成区内工业企业的入河排污口、污水处理设施和污水排放口等环节的监管工作。同时，市住房城乡建设部门将排水户排水行政检查纳入"双随机、一公开"抽查范围，对排水户开展例行检查，督促排水单位按规划审批要求规范排水行为。当发现违法行为时，由市城管综合执法部门负责相关执法工作。

7.3.3 建立运行维护机制

1. 排水设施特许经营运维

南宁市大力开展排水设施统一运营管理的体制改革。将整体运营、全流域治理及"厂、网、河"一体化作为工作目标，以提质增效、解决黑臭作为工作向导，采用特许经营方式委托市排水公司统一负责全市排水设施的建设、运营和管理，实现"多水统管、多污同治、联调联控"。排水特许运营设施范围包括：排水户接驳市政排水管网的接收井（含接收井）至公共排水设施，公共排水设施至污水处理厂红线或城市河流排口（含排口）；泵站进水设施至出水设施（含出水设施）；内河闸坝等排水排涝设施；纳入南宁排水公司特许经营范围的其他公共排水设施。巡查内容包括：运营管线每周全覆盖，按时做好巡查记录；主要巡查对象为排水管渠、明渠、检查井外部、雨水口外部、排河口外部、涉水工程接入状态等。巡查人员定期检查排水管网外观状况，并对重点地区、关键设施（截留井、闸井）、重点用户出户井、支户线、支干线衔接的检查井等重要设施重点关注。

2. 绩效考核保障机制

南宁市印发实施《南宁市城市污水处理特许经营服务绩效考核办法》（南府办函〔2020〕112号），完善了污水处理"厂—网"一体化的运行考核管理。该办法中明确提出绩效评价内容包括污水处理达标情况、污水厂运行与管理、污水管网运行与管理、污水处理设施项目建设管理、应急管理、规范化管理制度及文件制订、污水处理费代征和内部管理制度等。2021年印发实施《南宁市城市排水设施建设运营特许经营服务绩效考核办法》（南府办函〔2021〕112号），用于指导对特许经营单位开展的城市排水设施建设运营特许经营服务质量、安全生产及应急管理等工作内容进行考核。

由市住房城乡建设部门牵头，委托具有市政公用工程专业咨询资质的第三方机构开展服务绩效考核工作，由市绩效办、财政、应急、生态环境、住建和国有资产管理等市级政府部门有关人员组成的考核小组，负责审查第三方机构提供的考核报告等考核材料以及相关服务绩效考核工作，考核结果向市直各相关部门通报。考核结果与排水设施、污水处理服务费支付挂钩，年度排水设施、污水处理服务费根据考核结果按比例支付。支付费用差额在考核结果确认后下一个支付周期相应扣减，最终支付根据审计结果进行调整，多退少补。

3．建立质量监管机制，保障雨污分流项目质量

为全力推动南宁市水环境综合治理工程建设顺利完成，市建设监督部门主动提前介入，积极服务建设，着力提升项目监督服务效率，做到了质量监督项目全覆盖。

在建设工程信用体系建设方面，2018年南宁市对全市从事建设工程勘察、设计及施工图审查活动的企业开展信用信息管理，市住房城乡建设部门印发实施《南宁市建设工程勘察设计行业信用信息管理办法》（南建规〔2018〕7号），将相关单位纳入信用管理体系，建立了信用考评系统，并由市建设行政主管部门负责系统运营、维护和管理；同时，印发《南宁市建筑施工企业信用管理办法》（南住建规〔2021〕5号），对全市建筑施工总承包、专业承包等建设企业纳入信用管理体系，明确信用评价内容和标准。

在施工质量把控方面，2019年，市水环境牵头部门为明确施工质量安全控制要点，印发实施《南宁市水环境综合治理建设项目质量安全监督服务工作方案（试行）》（南水环指发〔2019〕18号）。方案要求，监理单位负责对施工现场材料进行检查验收；施工单位在建设过程中保证明挖管道工程施工质量、非开槽顶管工程施工质量、沟槽回填质量和路面恢复质量；施工完成后由监理单位牵头，建设单位、施工单位和第三方检测机构共同参与开展管道检测和闭水试验等工作。

在项目材料管理方面，2019年、2020年市住房城乡建设部门分别印发实施《关于加强南宁市施工现场钢筋混凝土排水管质量管控的通知》（南建管字〔2019〕55号）和《关于进一步加强市政排水管道工程施工质量管理的通知》（南水环指发〔2020〕4号），要求施工单位按照标准规范签订排水管采购合同，明确合同双方权责，控制管材质量。

在排水设施项目全过程管理方面，2019年印发实施《南宁市人民政府关于进一步加强市区排水设施规划建设管理的通知》（南府规〔2019〕34号），明确要求在施工许可办理前，各级建设行政主管部门开展勘察设计质量"双随机、一公开"抽查，加强对排水管网工程设计强制性标准的内容检查以及确认是否符合施工图文件编制深度规定，施工过程中确保污水管网接入下游主干管，无路由时应自行建设一体化污水处理设施；在竣工测量完成后，建设行政主管部门委托南宁市勘察设计院对地下管线测量工作进行跟踪检查。对于未组织竣工验收擅自交付使用或在重新组织竣工验收前擅自交付使用的项目，责令停止使用并依法移交城管综合行政执法部门进行严厉查处。

7.3.4 实施厂网一体运行调控

目前南宁市已基本实现一体化经营管理模式，基本解决了排水设施运营主体分散、养护责任落实不到位、"建、管"职责不清晰的问题。在厂站管控方面，接入污水处理厂与相关泵站监测设备，对厂站液位、流量、水质、泵机开停等状态进行实时监测，并针对每个设备设置预警值与报警值，当数据异常时，自动向一体化调度中心发送报警指令，调度中心依据知识图谱、水动力模型计算结果，反馈报警原因，实现厂站一体调控（图7-23）。

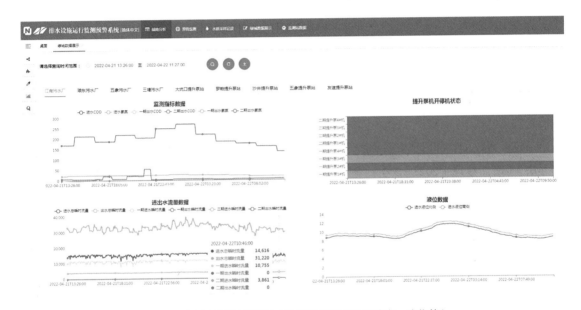

图7-23 污水厂运行监测图（监测数据包括进厂浓度、液位等）

在网、河管控方面，在管网、河道、溢流点关键点位放置液位仪，对管网进行全天候监控，并将获取到的设备定位信息和实时传感数据在一张图上绘制展示。根据点位实际情况设置报警值与溢流值，当液位度数超限时立即生成工单，短信通知相关负责人立即处理，并反馈处理结果，实现管网、河道、溢流点问题闭环。同时将液位情况推送至一体化调度中心，作为一体化调度的关键数据基础（图7-24）。

7.3.5 推动共建共治共享机制建设

1. 加大宣传引导，营造良好社会氛围

结合群众关注关心的内河流域治理难点、痛点问题开展现场宣传活动，全年累计组织宣传活动90余次，努力营造全民共建共享的良好工作局面。加强正反激励宣传，在《南宁日报》刊登黑臭水体治理进展情况通报，不定期刊登"红黑榜"。

图7-24　管线检测点液位图

2．建立公益诉讼工作机制

2019年6月，南宁市水环境综合治理工作指挥部印发《南宁市那考河流域民事公益诉讼工作方案》，选取那考河流域广西畜牧研究所及周边养殖大户开展水环境污染民事诉讼试点工作，联合市检察院等多个部门调查取证，收集线索，绘制环境地图，对接环境损害评估单位，按程序按步骤开展水环境污染民事公益诉讼试点工作。迫于环保检查及公益诉讼压力，广西畜牧研究所大部分养殖户搬迁，部分养殖户对污水处理设施进行改造提标，公益诉讼工作取得了较好的效果。

3．依托12345政务服务便民热线，鼓励全民参与水环境治理工作

通过12345政务服务便民热线，聆听群众对于水环境方面的诉求，接受群众的监督，让广大人民群众真正参与水环境治理建设过程中，2019年11月～2022年4月，共受理广西12345政务服务便民热线有关市水环境治理类投诉案件822件，并均按时完成案件处理，投诉案件办结率100%。

4．加大水污染违法行为执法处理力度

整合执法力量，成立市水环境治理综合执法组。执法组由市城市管理综合行政执法局、市生态环境局、市住房和城乡建设局、市水利局、市农业农村局、市市政和园林管理局、市市场监督管理局、市卫生健康委员会等单位专职人员组成，负责收集市水环境综合治理工作指挥部移交的、市属部门移交的、各城区（开发区、风景区）提供的、市民举报的、媒体报道的、领导交办的水环境污染案件线索，确认案件执法主体，对工地及砂场泥浆水乱排、工业企业违法排污、排水口违法设置、吸污车及餐厨垃圾运输车辆偷排、洗车场及修理厂污水乱排、小散乱污、医疗废水、非法养殖、私宰等水污染违法行为依法进行立案查处。截至目前，执法组累计开展联合执法检查4980次，下达整改通知1962份，立案1041起，结案400起，（拟）处罚金额890.6859万元（图7-25～图7-28）。

图7-25 社区宣传现场

图7-26 违规排放口联合执法现场

图7-27 全民参与水环境

图7-28 工地联合执法现场

7.4 取得的成效

7.4.1 污水处理效益大幅提升

2022年，全市污水厂平均进水BOD浓度约72.17mg/L，污水集中收集率约65.32%，分别较2018年提升45.27%、110.71%。整体来看，城市污水处理提质增效工作取得阶段成效。

7.4.2 城市水环境显著提升

经过一系列整治，备受群众诟病的朝阳溪、亭子冲、那洪泵站前池等地的黑臭问题得到解决；昔日令周边群众掩鼻而过的水塘江，经过开展河道截污、河道整治、污水处理厂建设、流域内城市污水管网建设等，如今变成了湿地公园；明月湖公园正式开园，绿城南宁再添"水清岸绿、鱼翔浅底"新地标。

7.5 经验总结

7.5.1 分清主次，重点突破

以最为突出的管网问题为例，主要存在管网缺失、断头、错混接，以及封堵、错位、破损、淤积等各类结构性和功能性缺陷。为在尽量短的时间内，以尽量少的代价换取最好的治理成效，需按照轻重缓急制定污水管网完善策略，基本原则为"由主到次""由重及轻""由易到难"，即优先打通干管，优先解决问题严重、影响大的问题，优先整治易实施、见效快的问题点，按此原则梳理工作内容并安排治理时序，确保问题逐个击破、治理见到成效。

7.5.2 理顺体制，严控增量

2019年以来，南宁市深入实施排水体制改革，逐步理顺排水管理体制。在监管层面，将涉水行业（包括雨水、污水、供水、再生水、城市内河等）管理职责统一划归市住房和城乡建设局管理，理顺行业管理体制。在运营层面，授予南宁市排水公司排水设施运营管理特许经营权，实现了雨污水设施"一家统管"。管理体制改革的实施，从根本上解决了排水设施多头管理的体制弊端。同时，南宁市高度重视长效机制建设，通过排水立法、按效付费、竣工测量等一系列政策法规和工作机制建设，将严格控制增量作为今后工作的一项重点。

7.5.3 建管并重，精准管理，按效付费

近年来，南宁市在城市排水与污水设施建设过程中不断调整方向步伐，在注重速度的基础上，更注重高效化、精细化和专业化，深刻认识到建立完善排水与污水设施长效管理机制是城市水环境和水安全的重要保障，城市排水与污水设施建设是一项长期、持续不断的工作，在建设的同时需要协调和运维管理的同步跟进。只有不断完善排水与污水设施长效管理机制建设，制定相关的政策制度体系、技术标准体系，加强规划建设管控，建立相应的绩效考核机制，坚持效果评估，强化对特许经营单位的绩效考评，提高资金整合筹措和资金使用监督管理的能力，用制度帮助管理，才能切实保障城市排水与污水设施建设的可持续发展，才能实现城市水体"长制久清"的目标。

南宁市住房和城乡建设局：宁世朝　吴智　刘东　傅强　梁杏

南宁市地下管网和水务中心：姚茜茜　卢挺

广西绿城水务股份有限公司：罗秋艳

南宁市排水有限责任公司：韦雄飞　黄涛　周俊

南宁市勘测设计院集团有限公司：韩乐　温慧峰　赖国琛　陆科弟　朱继银　玉金灵　覃瑶

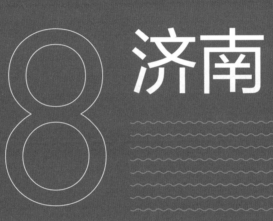

8.1 基本情况

8.1.1 中心城区概况

济南是山东省省会，是全省的政治、经济、科技、文化、教育、旅游中心，区域性金融中心，全国重要交通枢纽。中心城区辖历下、市中、槐荫、天桥、历城区和济南高新区，城市建成区面积约400km²，常住人口为443万人。中心城区南依泰山、北跨黄河，地形南高北低，南部为泰山余脉，北部为地上"黄河"，自南向北可分为三带，依次为南部低山丘陵、中部山前倾斜平原和北部黄河冲积平原（图8-1）。

济南是著名的泉城，市内河湖众多，分属黄河和小清河两大水系。小清河是中心城区唯一的外排河道，其支流河道有70余条，呈单边梳齿状分布，支流大多自南向北汇入城区北部的唯一外排河道小清河（图8-2）。

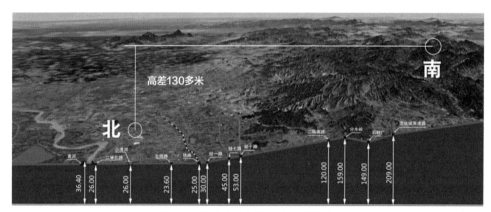

图8-1 济南市中心城区地形地貌图

图8-2 中心城区水系分布示意图

8.1.2 污水管网现状

经过近70年的发展，济南市中心城区已结合城市南高北低的自然地形特点，自西向东形成了排水系统界限明显的五大污水分区，各污水分区排水管网自成系统，相互独立。其中，污水主干管多呈南北向分布，最终通过倒虹管穿越小清河后进入相应的污水处理厂。

2019年开始，为实施生活污水的源头治理，促进城市污水处理提质增效，济南市投资约5000万元，对中心城区市政道路和建筑小区排水管网进行了全面普查。一是市政道路排水管网系统。中心城区已建设市政排水管（渠）总长度约5428.3km，其中，雨水管渠长度3117.3km，污水管渠长度2160.6km，合流管渠长度150.4km（主要分布在城中村、城乡接合部、老旧社区范围和部分市政道路下），已经实现雨污分流的市政排水系统存在雨污混接点1971处。二是建筑小区排水系统。对中心城区5862个小区、院落排水管线进行了全面普查，共计普查雨污水管线9146.8km，其中，污水管线4888.3km，雨水管线3811.3km，合流管线447.2km。5862个小区、院落中，雨污合流的小区有1445个，存在雨污水混接、错接问题的小区、院落有1834个，占比55.94%（图8-3）。

从排水管线普查情况看，中心城区污水管网系统存在问题较多，影响了污水收集效能。一是干管下游满负荷运行。随着城市污水产生量不断增大，部分污水干管由于管径偏小，逐步呈现满负荷运行状态。同时，受部分排水管线雨污混流影响，一旦出现降雨量稍大的情况，极易出现污水冒溢现象。二是部分污水管线淤积严重。济南市地形南高北低，污水干管系统多沿南北方向敷设，上游管线坡降较大（一般在15‰以上），下游管线坡降较小（一般在1‰以下）。因此，上游管网内泥沙等沉淀物易在下游管网内淤积，严重影响了排水能力。三是河道内存在大量污水截流

图8-3 中心城区污水收集系统示意图

井。2005年以来，济南市对城区主要河道开展了大规模的河道截污综合整治。由于河道周边建筑较多，无管线敷设空间，为实现河道截污，在河道内设置了部分污水截流井，旱季河道内污水通过截流井进入污水管网系统，汛期雨水进入污水管网系统。四是部分管线可能存在渗漏现象。中心城区地下水位较高，部分污水管线穿越河底或湖底，部分管线可能存在渗漏现象，对污水处理进水有一定影响。

8.1.3 污水泵站现状

济南市中心城区现有排水泵站34座，其中污水泵站9座（规模57.4万m³/d），多位于地势平坦的城区北部，污水泵站互不连通，污水处理厂水量无法调配。

8.1.4 污水处理厂现状

中心城区已投入运行的污水处理厂站共有31座，设计污水处理总能力154万m³/d，多位于城区北部小清河沿线，日均处理污水125万m³，处理后的再生水除少量回用外，大多直接排入小清河。2019年以前，由于管网系统收集效能不高、管道病害多等问题，污水处理厂进水浓度普遍偏低，年均进水BOD$_5$浓度多低于100mg/L。

2019年以来，随着济南市城市污水处理提质增效工作的深入开展，污水处理厂进水量和主要污染物浓度变化显著，逐年提高趋势明显。

济南市水质净化一厂和水质净化三厂分别位于老城区和东部新区，具有较强的代表性。选取了2018～2021年四年全年进水量和主要污染物浓度监测指标，分析污水处理提质增效前后的变化。

济南市水质净化一厂：设计污水处理能力45万m³/d，目前实际日均污水处理量为45.20万m³。2019年12月底，该厂完成了扩建工程，日处理能力由2018年的35万m³提高至45万m³，日均进水量由2018年的37.47万m³提高至2021年的45.20万m³。同时，通过实施汇水范围内雨污合流管网和混接点改造等提质增效工程，该厂进水BOD$_5$浓度由2018年的不足100mg/L提高至2021年的137mg/L，进水BOD$_5$浓度提高幅度高达35.6%，效果显著（图8-4、图8-5）。

济南市水质净化三厂：设计污水处理能力20万m³/d。2018年，该厂日均进水量为22.65万m³，为降低该厂运行负荷，济南市当年建成了水质净化三厂至华山厂调水工程，每日向华山污水处理厂调水2.5万m³。同时，通过"挤外水、消截流、补空白"等一系列管网工程措施，日均进水量由2018年的22.65万m³降至2021年的19.45万m³；进水BOD$_5$浓度由2018年的不足95mg/L提高至2021年的141mg/L，进水BOD$_5$浓度提高幅度高达49.3%，效果十分显著（图8-6、图8-7）。

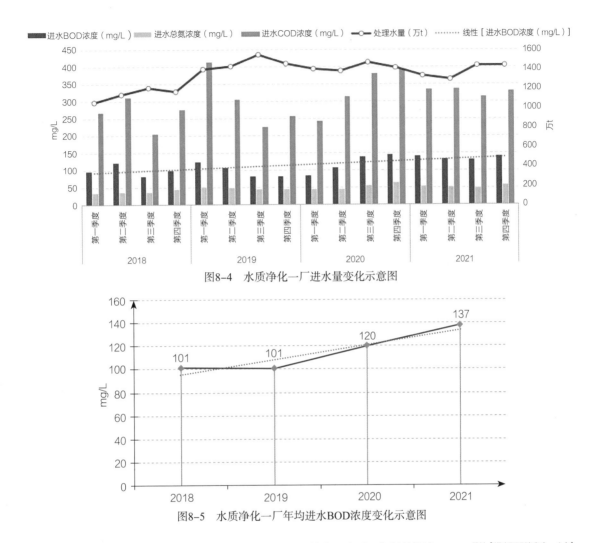

图8-4 水质净化一厂进水量变化示意图

图8-5 水质净化一厂年均进水BOD浓度变化示意图

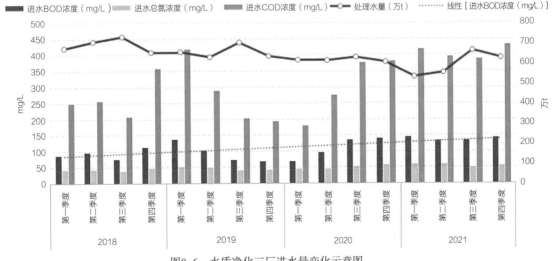

图8-6 水质净化三厂进水量变化示意图

图8-7　水质净化三厂年均进水BOD浓度变化示意图

8.2　典型做法

8.2.1　源头排查，摸清底数

城市污水处理提质增效的首要任务是摸清排水管网家底，了解污水管网空白区、雨污合流区域、管线混接点及管网病害。为系统掌握排水系统现状，济南市采用"六步诊法"摸排，查明问题、摸清底数。

一是市政排水管网普查。2018年，济南市委托济南市勘察测绘研究院对中心城区市政道路系统排水管网情况进行了系统普查，全面掌握了污水干管、支管高程、埋深及管道材质、管道淤积情况等数据，并以此建立了济南市排水管线GIS信息系统，为管网空白区完善、雨污分流、管道清淤疏浚等工程的实施奠定了基础。普查发现，中心城区市政雨污合流管线有213.1km；雨污水混接、错接点高达2580处；大量污水主干管淤积严重，其中在城市下游小清河沿线地势平缓地段，局部管网的淤积深度达到了1/2管深（图8-8、图8-9）。

二是污水直排口检查。在2017年黑臭水体整治工程的基础上，为全面消除小清河污水直排，针对小清河长年有水的实际情况，济南市2018年6月8日～11日对小清河洪园闸进行提闸，将河水放空，并对小清河沿线排水口进行了"把脉会诊"，通过前后三次集中调查，发现景观水位以下污水排口15个，生活污水直排小清河水体。这些直排口的存在，降低了污水收集效能，影响了小清河水质（图8-10、图8-11）。

济南市生态环境部门现场对排水口排水量进行初步估算，每天约有5000m³生活污水进入小清河，同时也对水质进行取样分析，其中，COD平均值为220mg/L，NH$_3$-N平均值为56mg/L，溶解氧为0.09mg/L。

三是雨水暗涵溯源排查。为避免"见口就截、见水就截"的错误做法，根治污水直排，济南市还委托专业队伍进入淹没于小清河水位以下的雨水暗涵，并利用管道潜望镜等专业设备，对暗

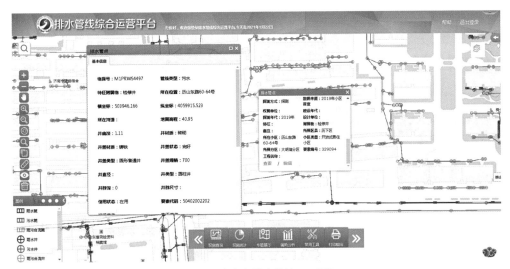

图8-8 济南市排水设施GIS系统

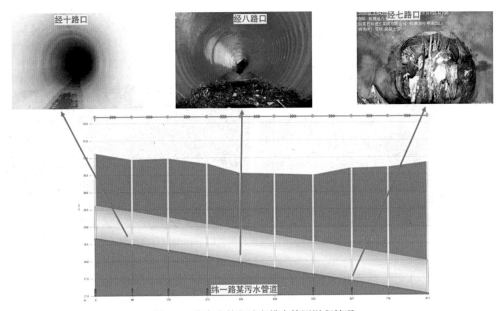

图8-9 济南市某段城市排水管网淤积情况

涵内污水接入情况进行了排查，逐一摸清了污水的来源，主要是居民生活污水的直接排入，同时也有部分临街商户生活污水的接入，通过进入暗涵调查摸清污水接入点位，为雨水暗涵清污分流工程提供了基础资料。例如，天桥区济泺路西侧有一条雨水暗涵，其下游有400m管道位于小清河水位线以下，水位较高，无法发现污水来源，通过"蛙人"排查，发现该管段有16个污水接入点位于暗涵水面以下。这些接入点的精准排查，为实施污水"源头"截流奠定了基础（图8-12）。

四是倒虹吸管道渗漏检查。济南市中心城区水质净化一厂管网系统范围内有5座倒虹吸穿越小清河。因水质净化一厂长期超负荷运行，通过测算该厂服务范围内污水产生量，发现实际处理

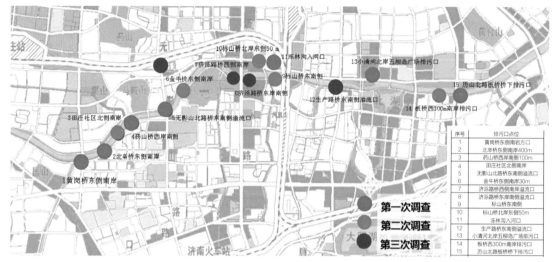

图8-10 济南市小清河沿线排水口分布情况

图8-11 济南市小清河沿线景观水位以下排水口分布情况

污水量远远大于污水产生量，初步怀疑穿越小清河倒虹吸可能存在渗漏现象。2018年6月8日～11日，为实施小清河底泥清淤工程，小清河河道内景观水被排空。通过比对6月8日前与放水期间，水质净化一厂相同处理水量和非降雨条件下，滨河北路污水干管内放置的4台液位计24h管道充满度规范性分析，发现在小清河蓄水期间有部分河水渗漏进入了倒虹吸，降低了水质净化一厂进水水质，加大了污水处理量和服务费用支出。以生产路倒虹吸为例，经采取内窥检测等方式进一步排查，倒虹吸进、出水井水位差达0.3m，渗漏点5处，多位于管道接口处，估算渗漏量达5000m³/d（图8-13）。

五是污水管道结构性检测。为全面掌握污水管道病害，济南市投资约6000万元，对中心城区208km污水主干管及部分重点污水支管进行了全面清淤，并采用内窥检测等手段，对管道进行检查，发现管道三级以上功能性缺陷共865处，三级以上结构性缺陷共819处，发现的问题主要以塑

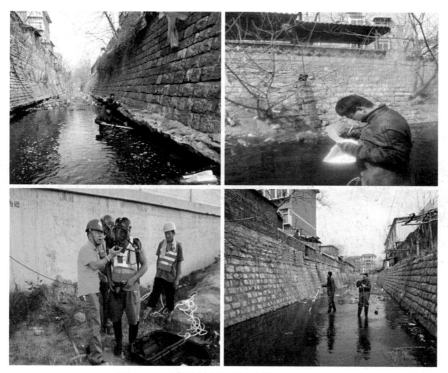

图8-12　雨水暗渠或河道污水排口入沟调查

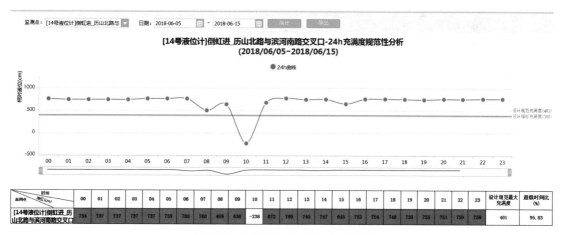

图8-13　小清河倒虹吸管道渗漏分析

料、玻璃钢夹砂材质管道破损、异物渗入，混凝土材质管道沉陷、错口问题为主。根据检测发现的问题形成检测报告，为管网修复工程提供了第一手资料。以东泺河东路804m D500污水管道为例，经对该段管道实施清淤和内窥检测，发现该段管道共有各类缺陷37处，其中错口缺陷6处、破裂缺陷19处、变形缺陷5处、起伏缺陷1处、异物穿入4处、障碍物2处，不仅影响污水收集效能，还存在路面塌陷等隐患（图8-14、表8-1）。

图8-14　济南市管道检测修复及路面塌陷典型案例

济南市东泺河东路污水管道缺陷统计表　　　　　　　　　　　表8-1

缺陷类别 ＼ 统计数 ＼ 级别	1级（轻微）管段个数	2级（中等）管段个数	3级（严重）管段个数	4级（重大）管段个数
（PL）破裂	19	0	0	0
（BX）变形	1	0	1	3
（CK）错口	3	0	0	3
（QF）起伏	0	0	1	0
（TJ）脱节	0	0	0	0
（TL）接口材料脱落	0	0	0	0
（AJ）支管暗接	0	0	0	0
（CR）异物穿入	1	0	3	0
（SL）渗漏	0	0	0	0
（CJ）沉积	0	0	0	0
（JG）结垢	0	0	0	0
（ZW）障碍物	2	0	0	0

　　六是小区院落排水设施普查。2020年，为深入推进污水处理提质增效，济南市投资约5000万元，对中心城区范围内所有小区院落排水设施进行了普查，全面清查雨污合流制小区及雨水混接点，共计排查雨污水管线9146.8km，完成了排水管线GIS系统开发，形成了从每家每户到污水处理厂的全系统数据库，为生活污水源头治理奠定了基础。普查发现，中心城区5740个小区、院落

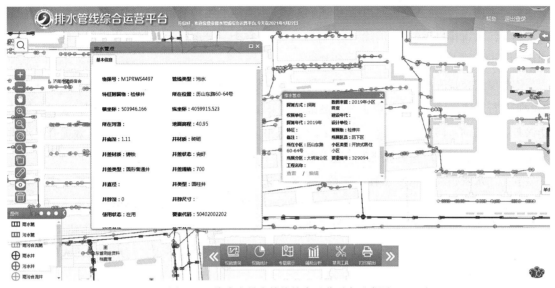

图8-15 济南市排水管线综合运营平台示意图

中，有1445个为雨污合流制小区；分流制小区中，有雨污水混接点11953个（图8-15）。

8.2.2 问题导向，系统治理

根据"一厂一策"方案确定的工程措施，济南市成立了市长任指挥、分管副市长任副指挥的指挥部，并依据排查成果，制定了《济南市小清河环境综合整治攻坚战实施方案》（济政办发〔2018〕16号）、《济南市小清河治理实施方案》（济清治字〔2019〕1号）、《济南市城市污水处理提质增效三年行动实施方案》（济水发〔2019〕176号），系统治理城市污水处理与排水设施，推进污水处理提质增效。

一是污水管网完善工程。根据普查掌握的情况，编制了污水管网完善计划，对于近期有开发建设计划的管网空白区，强化街区控规审查，提出污水管网配套建设要求；对于暂无开发建设计划的空白区，根据污水管网规划，加快完善污水管网系统。2019年以来，先后实施了腊山水质净化厂配套管网建设等排水管网项目，新建市政污水管线433.28km、雨水管线464.04km，市政排水管网总长度达到9121km，较2017年末提高了86.89%，累计消除污水管网空白区33.91km^2。

二是污水直排口消除工程。根据河道污水直排口排查结果，按照"清水入河、污水纳管"的原则，对污水直排口逐一进行截污方案论证，有序推进雨污分流工作。以黑臭水体示范城市创建为抓手，完成了31条黑臭水体控源截污工作，改造雨污合流管线62.74km，消除雨污混接点609处、河道直排口78个，生活污水基本实现全收集、全处理。

三是雨水暗沟雨污分流工程。根据雨水暗涵溯源结果，对雨水暗涵污水接入点逐一实施截污治理。先后实施了小清河沿线污水溢流口整治工程以及小清河沿线羊头峪西沟、南大槐树沟、丁家庄沟、万盛大沟等8条支流河道雨污分流工程,小清河沿线17个雨水涵洞实现雨污分流,消除雨水暗涵污水直排口560个,消除河道内污水直排口35个,暗沟内污水全部收集进入周边污水处理厂,为小清河水质改善奠定了坚实的基础。

四是倒虹吸管清淤修复工程。根据小清河沿线倒虹吸管道渗漏检查结论,对小清河沿线11座倒虹吸进行了清淤检测,并根据清淤检测结果,采取紫光固化技术,对小清河底倒虹吸进行了功能修复,堵塞河水渗漏点50余处,日均减少清水汇入污水管网水量约2.5万m³,有效提升了水质净化一厂、二厂、三厂等污水处理厂进水水质。

五是污水管道功能修复工程。按照"先急后缓、分步实施"的原则,先期完成了中心城区208km污水主干管及花园路、洪家楼南路、东泺河东路、山大北路等重点路段污水管道的清淤检测,并根据清淤检测中发现的病害点位,采取短管置换、紫光固化等技术,对管道错位、破裂、变形等病害实施了修复,累计治理污水管网病害300余处,减少地下水、河水进入污水管网,有效提升了污水收集效能(图8-16)。

六是建筑小区雨污分流工程。根据小区、院落排水设施普查结果,济南市编制了小区、院落雨污分流计划,并借鉴深圳等城市"正本清源"经验,实施了前后引河、山化裕兴等老旧片区小区、院落雨污分流试点工程,为"十四五"全市小区、院落雨污分流工程的实施积累了可推广、可复制的经验。同时,结合老旧小区改造工程的实施,同步推进小区雨污分流工程,不仅解决了小区积水等问题,也改善了居民生活质量,实现了污水的源头治理。2019年以来,先后完成500多个小区、院落的雨污分流工程,整改混接点2000余处。目前,济南市正结合中心城区雨污合流管网改造工程,对存在问题的小区进行雨污分流改造,计划2024年全部完成。雨污分流工程

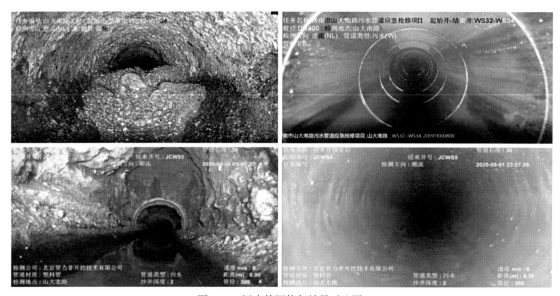

图8-16 污水管网修复效果对比图

图8-17　济南市小区、院落雨污分流工程

由政府统一实施，质保期结束后，对于有物业管理的小区，交由原维护单位维护；对于开放式小区，纳入政府统一管理（图8-17）。

8.3　体制机制建设

协调流畅的建设管理体制以及保障有力的资金保障机制是推进城市污水处理提质增效的重要抓手。近年来，济南市在体制机制建设方面做了大量卓有成效的工作，总结起来主要有以下几个方面。

8.3.1　理顺建设管理体制

多年来，济南市城市排水设施建设管理一直沿用"市区结合、以区为主"的管理体制。2014年市政府办公厅印发的《关于加强市政设施综合配套与管理的意见》（济政办字〔2014〕3号），对市、区两级管理部门职责进行了界定，原市政公用事业管理局负责全市排水与污水处理设施的监督指导，负责市管污水处理厂、泵站的运行管理；各区市政局、排水管理服务中心按照属地原则，负责辖区内排水管网的运行维护。随着城市黑臭水体整治、污水处理提质增效的深入开展，这种管理体制的弊端愈发明显。一是排水管理体制不理顺。"市区结合，以区为主"的管理模式，造成污水干管与支管切割、污水处理设施与管网系统切割、污水处理设施与河湖设施切割，管理部门之间职能交叉、责权不明，打破了厂、网、河一体化管理的系统性。二是排水设施多头建设。排水设施建设主体涉及市政公用、交通运输、投资平台等多个单位及各区政府相应的部门和单位，各建设主体自主确定设计方案，自主组织工程施工，建设标准不统一，"建而不管"问题突出。从近两年济南市排水管网清淤检测结果来看，部分设施存在管道变形、管道渗漏、高程不衔接甚至管道未贯通等问题，严重影响了排水设施运行效能。三是排水设施管理效率低下。各区普遍存在技术力量薄弱、养护设备装备率低、维护资金投入不足等问题，造成排水设施维护不到位，污水渗漏、冒溢现象时有发生，处置效率低下。

2017年以来，为尽快理顺排水设施建设管理体制，济南市主要开展了以下几项工作。一是成立市城乡水务局。为统筹城市供水、保泉、生态补源和城市排水设施统一建设管理需求，2017年济南市施行了"大部制"改革，整合原市政公用事业管理局、城市园林局、水利局等多部门职责，新设立市城乡水务局，负责拟订全市排水、污水处理专项规划和年度计划并组织实施，监督、检查、考核排水、污水处理规划及年度计划执行情况和设施的建设、运行、维修养护情况。二是组建排水集团。按照全市"供排水一张网"要求，为实现排水设施的"统一规划、统一建设、统一管理、统一标准"，2021年10月，市委办公厅、市政府办公厅联合印发《关于印发<市属国有企业改革重组方案>的通知》（济厅字〔2021〕9号），启动了"排水一张网改革"，由济南城市投资集团整合济南市清源水务集团有限公司、济南水务集团有限公司、济南东泉供水有限公司，并新设立济南城投排水集团有限公司，按照"管好源头水、供好自来水、治好排放水、用好再生水"四位一体的发展战略统筹全市原水、供水、排水、污水和再生水利用的统一建设、运营、管理等，加快推动城市水务行业高质量发展，形成"以水养水、滚动发展"的良性循环。

8.3.2　夯实资金保障机制

济南市中心城区市政排水管网5428.3km，中心城区现有污水处理设施31座，总设计能力154万m^3/d。2020年以前，污水处理费和管网维护费用由市、区两级按照各自管理权限，分别列支资金，由市、区财政分别支付。一是管网维护费用。依据住房城乡建设部发布的城镇市政设施养护维修工程投资估算指标，中心城区仅排水管网养护资金需求约3.3亿元。由于市、区两级财政资金投入不足，导致全市排水管网年维护资金仅有3000万元，远远满足不了排水设施养护需求。二是污水处理服务费用。2020年，中心城区污水处理设施运行服务费用总额为9.54亿元，但每年征收的污水处理费总额仅有3.1亿元，资金缺口高达6.44亿元。由于污水处理运行服务费保障能力不足，导致部分污水处理设施存在停运风险。

为破解排水设施资金难题，提高污水处理及管网维护资金保障力度，2021年济南市开展了运行维护资金保障制度改革。一是排水管网建设维护费。2021年12月8日，市委、市政府召开专题会议，明确了每年从城市建设综合配套费中列支20%的同时，从土地出让金中安排部分资金。同时，按照市政府《关于加强财政收支市级统筹的若干措施》（济政办发〔2020〕9号）和事权比例，提取各受益区和平台统筹资金，用于排水设施维护管理，基本满足了排水设施日常维护需求。二是污水处理运行服务费。2021年12月20日，市政府召开第147次常务会议，明确中心城区污水处理设施运行服务费全部纳入市财政统一支付。根据本次会议要求，市水务局、市财政局联合印发了《济南市中心城区污水处理设施运行服务费统筹办法》（济水发〔2022〕12号），建立了中心城区污水处理运行服务费市、区统筹机制，每年由市、区两级按照4：6比例共同承担污水处理费收支缺口约6亿元。

8.3.3 落实排水许可制度

按照《中华人民共和国水污染防治法》《城镇排水与污水处理条例》《城镇污水排入排水管网许可管理办法》，济南市加快落实排水许可管理制度。一是加大排水许可力度。全面开展重点排水户检查工作，每年对全市重点排水户进行监督检查并取样化验，对符合污水纳管要求的120家重点排水户，依法发放排水许可证。二是及时查处违法排水行为。市城乡水务局会同市城市管理局、市生态环境局等部门开展专项行动，对全市轨道交通、市政工程、房地产开发等项目进行执法检查，打造全市范围内依法排水的良好氛围。2020年10月，接群众热线，北园大街南侧某工地有违法行为，造成工地内污水主管道丧失排水功能，导致污水溢流进入河道。接到热线后，水务、生态环境、城管等部门迅速出动，对违法行为予以制止，要求限期完成排水管线重建，并依据《城镇排水与污水处理条例》处以15万元行政处罚。2021年8月，城乡水务局、生态环境局在联合执法时发现某公司存在污水未经处理违法排入市政污水管网的违法行为，影响了污水处理厂正常运行。经过现场勘查、调查取证等程序，最终对该公司下达责令改正违法行为决定书，要求限期整改，并依据《中华人民共和国水污染防治法》有关条款对该公司予以19万元的行政处罚。三是严厉打击违法排水行为。为保护城镇排水与污水处理设施，市城乡水务局会同生态环境局、公安局等部门联合印发了《关于严厉打击向城市排水设施违法排放污物行为的通告》（济水字〔2022〕5号），对无排水许可证向城市排水设施排放污水、违法向城市排水设施排放污物、易堵塞物等行为的，坚决零容忍，对违法行为予以处罚，进一步保障了城镇排水与污水处理设施的安全稳定运行。

8.3.4 完善运行维护机制

为保障排水与污水处理设施正常稳定运行，济南市不断完善排水设施运行维护机制。一是加强排水设施维护考核。出台了《济南市排水管网清淤维护管理考核办法》，每季度派出考核组，对全市排水管网清淤维护情况进行考核，督促维护单位定期开展管网清淤疏浚。二是强化特许经营管理。根据《基础设施和公用事业特许经营管理办法》（25号令），济南市2021年出台了《济南市城镇污水处理设施特许经营实施细则》（济水发〔2021〕148号），进一步规范了城镇污水处理领域的特许经营活动，有力保障了城镇污水处理设施安全稳定运行，保护了特许经营者合法权益。三是强化污水处理设施运行管理。2022年出台了《济南市中心城区城市污水处理设施运行监督管理办法（试行）》（济水发〔2022〕14号），依据《山东省污水处理行业政府和社会资本合作（PPP）项目绩效指标体系》（鲁财合〔2020〕4号）和污水处理设施实际情况，通过日常抽查、月度考核、季度考核、年度评价等方式，对污水处理设施运行情况进行绩效评价，进一步提高污水处理企业运行管理效能。四是健全排水管网质量管控机制。按照质量终身责任制追究要求，强化设计、施工、监理等行业信用体系建设，出台了《关于印发<排水工程建设管理工作规则>

（试行）文件的通知》（济排中字〔2021〕9号），对排水工程参建单位进行监督考核，全面提升城市排水工程建设管理水平。

8.3.5 推动共建共治共享

进一步加强与市生态环境局、市城市管理局、市交通运输局等部门联动，推动共建共治共享机制建设。一是加强联合执法力度。市城乡水务局、城市管理局出台《关于印发<济南市城乡水务局济南市城市管理局行政处罚事项协调配合机制>的通知》（济水发〔2020〕129号），市城市管理局出台《关于印发<济南市城市管理行政执法局行政处罚裁量基准>的通知》（济城执发〔2015〕1号），明确了案件移送、信访投诉受理、协调会商、争议解决、处罚等行政执法体制，有效解决了以往排水执法中存在的职责不清、效率低下等问题。二是规范排水管线移交工作。将排水管线内窥检测制度纳入了市政府出台的《济南市城市地下管线建设管理办法》（济政办发〔2021〕27号），自2020年起，排水管线工程移交强制性执行内窥检测制度，凡内窥检测不合格的排水工程，一律不得移交。同时，为有效解决排水设施维护管理"带病移交"等问题，济南市还出台了《济南市城市道路附属排水设施移交管理制度（试行）》（济水发〔2020〕86号），督促施工单位强化排水管线质量管控，确保工程质量。

8.4 取得的成效

8.4.1 生活污水收集效能大幅提升

城市污水处理提质增效三年行动实施后，全市污水处理厂的减排效益大幅度改善，年均进水BOD_5浓度由2019年的98.3mg/L提高至2021年的135.2mg/L，提高幅度达到37.5%；城市生活污水集中收集率由2019年的58.96%提高至2021年的79.15%，提高了20.19%（图8-18、图8-19）。

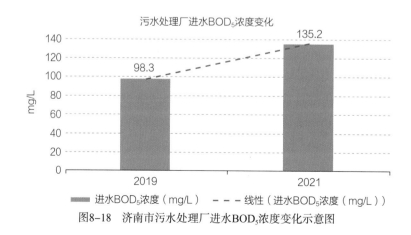

图8-18 济南市污水处理厂进水BOD_5浓度变化示意图

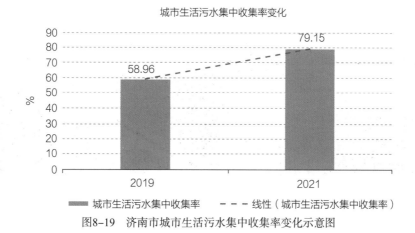

图8-19 济南市城市生活污水集中收集率变化示意图

8.4.2 城市水环境持续改善

2019年，小清河作为济南市唯一外排河道，出境断面水质从长期以来的劣五类水体到一年内首次月均值改善为五类水、四类水、三类水。2020年在小清河全线施工情况下，出境断面水质年均值仍然达到了四类水标准。2021年，小清河出境断面水质年均值首次达到三类水，为1972年有检测数据以来历史最高水平。2021年2月，小清河污染治理入选中央环保督察办"督察整改见成效"典型案例，被中央电视台《新闻联播》点赞，同时入选生态环境部美丽河湖优秀案例，作为建设美丽中国的好经验好做法向全国推广。

济南市自2016年起开展水生生物调查工作，小清河作为济南重要的城市内河，首选成为水生生物调查对象。2016年小清河济南段生态调查共发现水生生物73种，2021年小清河水生生物种类230种，生物多样性种类近5年增长3.15倍，小清河流域济南段水生生物多样性水平整体呈稳步上升趋势，出现了中华华鳅、花𩾃、中华鳑鲏等本土鱼类物种种群恢复。浮游植物生物多样性指数由2016年的1.26增长至2021年的2.23，生物多样性指数增长了77%，生物多样性显著提升。水生生物指标变化与水环境理化指标变化趋势一致，本土生物种群的出现、生物多样性的提升都说明本土生态系统的恢复，突显了济南市近年来黑臭水体治理和污水处理提质增效效果。

8.4.3 居民生活品质得到提升

随着污水处理提质增效工作的持续开展，河道水环境持续改善，济南市民切实体会到了污水处理提质增效工作带来的获得感和幸福感。一是生动阐释了生态文明理念。通过实施系统治理，济南市城市水环境质量不断提升，整治后的河道再现"鱼翔浅底、清水绿岸"，习近平生态文明思想愈发深入人心。二是改善了居民生活品质。华山湖、大辛河、小清河河道周边成为"网红"打卡地，成为广大居民休闲、娱乐、健身的好去处（图8-20）。

图8-20　治理后的济南华山湖

8.5　经验总结

8.5.1　领导重视是任务完成的有力保障

济南市认真贯彻习近平生态文明思想，成立了市政府主要负责同志任组长的指挥部，把污水处理提质增效作为一项重要的政治任务和民生工程来抓，认真做好顶层设计，亲自协调解决项目推进中的资金筹措、手续办理、征地拆迁等难题，为污水处理提质增效工作提供了坚实的组织保障。

8.5.2　系统思维是效果提升的基本原则

在污水处理提质增效"一厂一策"系统化整治方案编制中，济南市坚持系统思维，对厂、网、河进行统筹研究，摒弃"头痛医头，脚痛医脚"的传统观念，坚持流域系统治理理念，从根源上解决污水问题，有力保障了提质增效。

8.5.3　源头治理是提质增效的根本手段

城市污水处理提质增效是一项系统工程，必须坚持源头治理的理念。济南市在各项工作推进中，把源头治理贯穿于工作实施全过程，不仅实现了源头治理，而且实现了源头管控，是污水处理提质增效各项指标稳定提升的基础。

8.5.4　体制机制是提质增效的重要抓手

近年来，济南市在体制机制建设方面做了大量卓有成效的工作，理顺了排水设施建设管理体制，夯实了资金保障机制，厘清了行政执法体制，完善了运行维护机制，为推进城市排水设施精细化管理提供了坚实的制度保障。

济南市城乡水务局：李季孝　陈学峰　张会　徐晓驰　田淼

9 长治

9.1 基本情况

9.1.1 城市基础特征

1．地理位置：晋东南中心城市，横跨黄河海河流域

（1）城市区位

长治市位于山西、河北、河南三省交界处，处于山西省二级城镇发展轴——太晋城镇发展轴上，是山西省区域交通枢纽、晋东南中部城镇群中心城市。全境地势由西北向东南倾斜，东西最长处约150km，南北最宽处约140km，总面积13864km²。

（2）流域分区

长治市地跨海河、黄河两大流域。其中，海河流域面积11103km²，占79.9%，主城区位于海河流域。黄河流域面积2793km²，占20.1%。

2．山水格局：东山中城西水格局，山城湖河相得益彰

长治市主城区坐落于群山环绕的上党盆地，周边山水条件优越。主城区东倚老顶山，西邻漳泽湖，形成"东山—西水—中城"的格局。"东山西水"的格局得天独厚，其中，"东山"指老顶山为主的一系列山脉；"西水"则是指漳泽湖、浊漳南源、陶清河、黑水河、岚水河、绛水河等城市西部的水系网络。在这样的山地—盆地—河湖地带，山和水形成了城市靓丽的风景线，山城湖相得益彰。

主城区水系共有5条。其中穿越主城区的为4条，简称"三河一渠"，主要包括石子河、黑水河、南护城河以及东防洪渠。主城区西部为浊漳南源。"三河一渠"的水汇入浊漳南源，进而汇入漳泽水库。

3．气候条件：降雨季节分配不均，人均水资源量短缺

长治市一般年降水量为537.4～656.7mm，7月最多，为132.2mm；1月最少，为5.5mm。年降水量平均值为618.9mm，由东北向西南递增，山地多于平川。降水日数多集中在夏季，尤以7月份最多，月平均降水日数为14.8天。年降水量整体变化表现为：自东南向西北以一条550mm的降水等值线贯穿全市。同时，受地形因素的强烈影响，降水量随高程增加而增大，长子县的发鸠山区、沁源县的太岳山区分别形成两个降水量高值中心，中心点多年平均降水量分别为719.8mm、700mm，襄垣盆地降水量为低值区，多年平均降水量低于500mm。降水量自上游向下游逐渐减小。

由长治市代表站的降水量分析可知，全市降水量年内分配呈单峰型，分配不均。降水主要集中在汛期6～9月，占年降水量的71.1%～73.2%，且汛期降水量多集中于7、8两月，占年降水量的46.3%～49.5%；12月～次年3月是降水量最少的时期，4个月降水量仅占年降水量的7.3%～8.3%，形成干湿分明的特点。2020～2022年长治市年降水量平均水位约921.36m，其中2022年平均水位达到最高值约921.65m，较2020年平均水位增加0.48m（图9-1）。

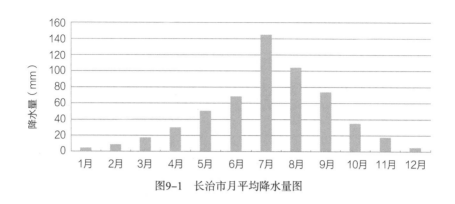

图9-1　长治市月平均降水量图

4．人口情况

依据《长治市2021年国民经济和社会发展统计公报》，至2021年末，长治全市常住人口为315.17万人，常住人口在山西全省位居第6位。全年全市出生人口2.3万人，人口出生率为7.27‰；死亡人口2.7万人，死亡率为8.39‰；自然增长率为−1.12‰。性别比（女=100）为104.1。全市常住人口分布情况：全市常住人口中，城镇人口180.9万人，乡村人口134.3万人，城镇化率为57.39%。男性人口160.8万人，人口占比为51.01%；女性人口154.4万人，人口占比为48.99%。

9.1.2　排水设施现状

1．排水体制

长治市为雨污分流与合流并存的排水体制，其中分流制区域占比58%，合流制比例42%。分流制区域内雨污流不彻底，部分老旧小区等仍为合流制，管网混错接严重。分流制区域主要分布在石子河北部、西一环西部以及南护城河南部部分区域（图9-2）。

2．污水系统

长治市现状主城区共有1座污水处理厂，设计规模20万t/d，位于石子河北岸、西二环东侧。小型泵站1座即北寨污水泵站，收集太行西街周边村庄等污水。主城区污水截污干管沿"三河一渠"两岸铺设，全部汇入主城区污水处理厂（图9-3）。

（1）管网现状

长治市主城区共有排水管网740.4km（含城市道路、背街小巷等），其中，雨水管网285.2km，污水管网193.5km，合流制管网261.7km。主城区现状污水通过管道接入环城水系截污箱涵重力流至污水处理厂，双侧截污箱涵总长约40.2km，箱涵最小断面1.2m×2.2m，最大断面4.5m×2.5m。

（2）污水泵站现状

长治市主城区区域内现设有地下式小型污水提升泵站1座，即北寨污水泵站，为主城区污水

图9-2　长治市中心城区排水体制分区图

图9-3　长治市排水管网系统

图9-4 污水提升泵站现状

处理厂配套设施，位于湖滨大道与太行西街相交丁字口东南方向，用地面积约40m²，设计最大流量为1万m³/d，目前主要将北寨及太行西街沿线部分区域污水提升至市政污水管网（图9-4）。

9.2 现状问题

9.2.1 BOD进厂浓度低

对主城区污水处理厂2019年进水BOD浓度进行分析显示，长治市主城区污水处理厂总体进水平均BOD浓度仅为99mg/L。其中一期平均进水BOD年浓度为114mg/L，低于100mg/L的共计6个月，集中在3~7月。二期平均进水浓度为96mg/L，低于100mg/L的共计9个月，集中在3~11月。冬季污水处理厂进水浓度高于夏季，总体尚未达到山西省《城镇污水处理提质增效三年行动方案（2019—2021年）》要求（图9-5）。

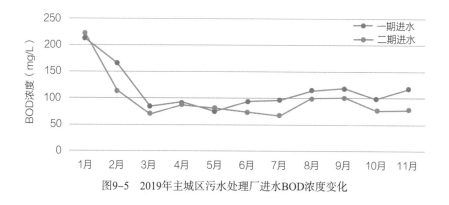

图9-5 2019年主城区污水处理厂进水BOD浓度变化

9.2.2　实际污水处理量超过理论测算值

2019年长治市主城区自来水厂总供水量4365万t，区域内自备水井用水量约600万t，主城区总用水量约4965万t。按排放系数0.85计，理论计算区域内污水产生量约为4220万t。

主城区污水处理厂数据显示，2019年主城区污水处理厂总处理污水量为4745万t（表9-1）。初步估算主城区污水处理厂收集非生活污水量约525万t。

2019年主城区污水处理厂各月处理水量　　　　　　　　　　表9-1

月份	总量（万t）	月份	总量（万t）
1	390	7	404
2	339	8	401
3	417	9	370
4	408	10	384
5	430	11	396
6	391	12	416
		合计	4745

9.3　典型做法

污水提质增效为系统工程，在整治过程中需"收污水、挤外水"。通过核算污水产生量，初步判断污水收集率及外水渗入情况。结合管网普查、溯源调查、功能性检测结果，分析造成污水进水浓度低的原因，针对造成的原因，明确整治思路，找准问题症结，把握主次，突出重点有序推进，重点从杜绝河水入网、工业企业排水整治、施工降水等多个方面制定"挤外水"整治措施，实现污水浓度的提升。

9.3.1　全面开展精细排查，锁定关键问题

1．开展"清水"调查，摸清本底条件

长治市在已有的管网数据基础上，2019年底委托第三方公司对主城区内排水系统进行全面摸排。主要包含5部分内容。

（1）城市管网排查复核。包括雨污水管道、管点、设施、节点的位置、高程、流向及连接关系等抽样检查复核，对发现存在问题的排水管线，进行补测绘，形成准确的排水管线现状数据。同时，市住房和城乡建设局局属事业单位市政管理中心定期对市政道路排水管网混错接点、管网缺陷等做全面排查，及时掌握并解决管网存在的问题（图9-6、图9-7）。

图9-6　排水管网排查现场

图9-7　泵站运行巡查

（2）主干管网混错接溯源调查。对潞阳门路、延安路、长兴路、英雄路、威远门路等17条道路进行管网溯源调查，共计151.2km，其中主管网摸排134.2km，支管网溯源长度17km。经普查调查统计以及溯源调查统计共发现混接点323处，按照混接规模划分，企事业、小区及商户混接68处，市政管道混接255处。

（3）城市截污箱涵专项排查。对石子河、黑水河、东方洪渠、南护城河南北两侧35.3km箱涵排口进行调查，其中石子河16.2km、黑水河8.8km、东方洪渠5.3km，南护城河南北两侧合计5km。（排口管径最大的为1200mm混凝土，最小的为100mm塑料）。其中雨水排口44个，分别为石子河32个，黑水河8个，东方洪渠3个，南护城河1个。调查完成箱涵检查井共计273个，其中包括石子河118个，黑水河56个，东方洪渠53个，南护城河南北两侧46个（箱涵最大规格为3m×2.5m，箱涵最小规格为1.2m×1.2m）。

（4）河水入网调查。对长治市内河道进行排口调查，明确河道两岸的溢流口、雨水排放口和污水直排口的情况，摸清底数。经调查，共有13处污染源接入的排口（表9-2）。

污染源接入位置统计表　　　　　　　　　　　表9-2

河道名称	序号	污染源接入位置
浊漳南源	1	迎宾大道北寨新桥下雨水口（屯留康庄园区山西宏发木业有限公司生产生活污水）
	2	五一街南寨村生活污水排口
	3	杨裕小区生活污水排口
	4	杨暴村生活污水排口
	5	下秦村生活污水排口
	6	高河村生活污水排口

河道名称	序号	污染源接入位置
石子河	7	蒋村雨污合流口
黑水河	8	南环街2个
	9	针漳村雨污合流口
	10	京标能源针漳加油站洗车污水（排口现已处理）
壁头河	11	陈村零散生活污水排口
	12	陈村南水产养殖及生活污水排口
	13	某部队生活污水明沟

（5）工业企业与施工降水调查。对大中型企业排水进行调查，核实企业排水出路；对工地施工降水进行调查，核实施工降水去向。

2. 定量"清水"来源，突出核心问题

通过系统调查与分析，长治市主城区污水进水BOD浓度不达标主要有以下原因。

（1）河水直接排入

黑水河与石子河上游河道来水主要为上游污水处理厂尾水，当前上游直接进入截污箱涵，进而进入主城区污水处理厂，严重影响箱涵污水BOD浓度，降低污水处理厂处理能效。

1）黑水河情况

在上党区第二污水处理厂建设之前，上党区南至黎都街、北至长治市潞州区、东至长陵路、西至207国道范围内的生活污水直排入河，黑水河上游段水质较差。为防止下游水体遭受污染，黑水河上游段河水截流进入污水箱涵。当前上党区污水处理厂已建设完成进入调试状态，同时黑水河综合整治工程尚未实施，河道水质未能稳定达标，黑水河上游段河道水仍进入箱涵。对黑水河上游河道水质进行监测显示，上游河道COD仅为30～90mg/L，远低于生活污水浓度，低浓度河水进入截污箱涵，降低污水处理厂进水BOD浓度（图9-8）。

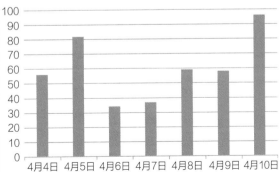

图9-8　黑水河上游河道直接入箱涵

2）石子河情况

石子河上游来水主要来自壶关县第二污水处理厂，上游河道沿岸部分村庄污水尚未进行整治，城区段上游来水水质不稳定达标，当前将河水输送进入污水箱涵。对石子河上游河道水质进行监测显示，上游河道COD仅为40～70mg/L，远低于生活污水浓度，而BOD更低，低浓度河水进入截污箱涵，降低污水处理厂进水BOD浓度（图9-9）。

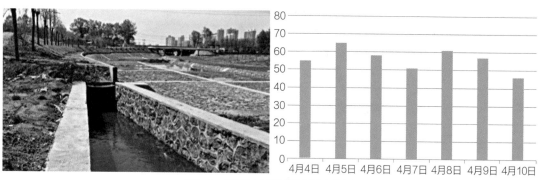

图9-9　石子河上游河道直接入箱涵

（2）雨污分流不系统

1）起端道路雨污分流，末端仍为合流

通过管网普查数据分析，污水处理厂收水范围内存在雨污分流不彻底的现象。在起始段的管网进行雨污分流改造，但在末端管网变成合流管，导致分流效果未体现。如英雄中路（新营街—东大街）段、延安北路（保宁门街—太行东街）、太行东街（东外环—潞阳门路）、延安南路（解放东街—石子河）等。

2）道路雨污分流，末端仍接入截污箱涵

污水处理厂收水区域内共存在15处雨水管网接入截污箱涵情况，其中黑水河及其支流南护城河河道上存在5处，分别位于华丰南路、威远门路、德化门西街（3处）；石子河及其上游东防洪渠上存在10处雨水管网接入箱涵点，分别位于英雄北路、威远门北路、府后西街（西一环东）、站前路、府后东街（4条管段）、德化门东街和解放东街交叉口（图9-10）。

3）雨污混错接较严重

污水处理厂收水范围内管网混错接现象较为严重，经普查调查以及溯源调查统计共发现混接点323处，按照混接规模划分，企事业、小区及商户混接68处，市政管道混接255处。管网混错接造成区域内未实现清污分流，降低污水处理厂进水BOD浓度。

（3）局部地下水入渗

长治市城区地下水位较低，部分区域地下水入渗至污水管网进入污水处理厂。结合管网普查检测结果显示，石子河南区和黑水河2个片区内共检测出管网缺陷5781处，其中结构性缺陷3007处，功能性缺陷2774处（表9-3）。

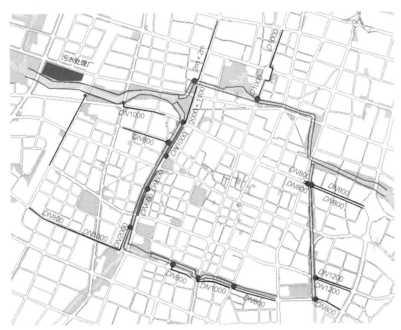

图9-10 雨水入箱涵节点图

排水管网检测缺陷统计表   表9-3

缺陷名称	缺陷数量 \ 缺陷级别	1级（轻微）缺陷个数	2级（中等）缺陷个数	3级（严重）缺陷个数	4级（重大）缺陷个数	小计
结构性缺陷	PL（破裂）	462	94	41	54	651
	BX（变形）	28	17	5	10	60
	FS（腐蚀）	270	46	7	0	323
	CK（错口）	407	84	42	26	559
	QF（起伏）	27	5	0	1	33
	TJ（脱节）	208	29	30	13	280
	TL（接口材料脱落）	415	23	0	0	438
	AJ（支管暗接）	344	79	73	0	496
	CR（异物穿入）	85	33	15	0	133
	SL（渗漏）	15	9	9	1	34
功能性缺陷	CJ（沉积）	1055	225	184	218	1682
	JG（结垢）	381	20	8	5	414
	ZW（障碍物）	310	62	74	128	574
	CQ（残墙、坝根）	0	0	1	16	17
	SG（树根）	10	1	0	0	11
	FZ（浮渣）	41	11	24	0	76
合计		4058	738	513	472	5781

（4）施工降水管理不足

长治市主城区内施工项目较多，部分项目在施工中需进行降水，基本为地下水，部分工程项目在施工中将降水排入污水管网进入污水处理厂；部分区域因属于合流制区域，施工降水通过地表进入合流制管网、进而进入污水处理厂，降低了污水处理厂来水浓度。

（5）问题综合分析

综合上述的分析测量结果，造成污水处理厂进水浓度低的主要原因为：1）上游河道水体直接排入截污箱涵，年入厂河水量达475万t；2）雨污分流不彻底；3）地下水、施工降水等外水汇入污水管网。

9.3.2　先行整治关键要点，近期立竿见影

1．综合治理上游河道，杜绝河水接入管网

（1）整治上游河道

为提升黑水河与石子河上游水环境质量，确保河道水质达到地表Ⅴ类标准后能够直接排入下游河道，不再进入污水箱涵，进而减少污水处理厂处理压力，提升进水BOD浓度，长治市实施了黑水河（北郭村—长子门）段以及石子河（东外环—石子河水库）段综合治理项目，开展控源截污、内源治理与生态修复等措施，有效提升了水环境质量，河道水质达到地表Ⅴ类标准，河水排入下游河道，作为生态补水。

（2）封堵截污箱涵河水入口

整治前，由于石子河、黑水河上游河水没有达到河道排放标准，需进入截污箱涵排入污水处理厂进行处理。整治后，石子河、黑水河上游河道外源、内源污染全面消除，河道生态修复逐步增强，两条河道水质达到地表Ⅴ类标准。长治市封堵箱涵河水入口，确保河水直接进入下游河道，减少低浓度水进入污水处理厂，年减少河水入箱涵水量达475万t，很大程度提升了主城区污水处理厂进水BOD浓度（图9-11）。

图9-11　石子河河水入口封堵

2．工业生活污水分离，工业废水专厂处理

为收集处理工业污水，实现工业污水单独处理，减少主城区污水处理厂压力，提升进水BOD浓度，2020年，长治市在城北高新区建设完成一座工业污水处理厂，即漳泽首创污水处理厂。该厂位于长治市高新区果园村西北侧，占地45亩，设计规模1.5万t/d，污水处理厂采用改良A2/O+高效沉淀池+纤维转盘滤池处理工艺，排放水质中COD、氨氮、总磷三项指标执行地表水Ⅴ类标准，其他指标执行一级A标准。目前污水处理厂已经建成，潞安太阳能等企业的污水已收入工业污水处理厂专门处理。

目前，长治市已将工业废水与生活污水分开收集、分质处理，组织对废水接入市政污水管网工业企业的全面排查评估，经评估认定不能接入城市污水处理厂的，限期退出；可继续接入的，经预处理达标后方可接入。企业应当依法取得排污许可和排水许可，出水在线监测数据应与城市污水处理厂实时共享。严厉打击偷排乱排行为，对污水未经处理直接排放或不达标排放的相关企业严格执法。开展工业园区（集聚区）和工业企业内部管网的雨污分流改造，重点消除污水直排和雨污混接等问题。结合所在排水分区实际，鼓励有条件的相邻企业，打破企业间的地理边界，统筹开展雨污分流改造，实施管网统建共管。整治达标后的企业或小型工业园区，绘制雨污水管网布局走向图，明确总排口接管位置，并在主要出入口上墙公示，接受社会公众监督。

9.3.3 持续完善排水系统，长期久久为功

1．优化城区排水体制

长治市为雨污分流与合流并存的排水体制，其中分流制区域占比58%，合流制比例42%。分流制区域内雨污分流不彻底，部分老旧小区等仍为合流制，管网混错接严重。结合长治管网现状，在老城区保持合流制区域，在雨污分流制区域有序推进雨污分流改造，实现"干一片成一片"。黑水河西部、长兴路以东区域实现市政道路雨污分流，后期结合老旧小区改造、城市更新等行动，完成地块内雨污分流改造（图9-12）。

2．整治雨污混错接

在道路雨污分流改造基础上，对323处混错接点进行改造，实施支管到户，分类实施混错接改造。

（1）建筑小区错漏混接改造。对于小区雨水管错接小区污水管的情况，从错接处就近接入市政雨水管网；对于小区污水管错接小区雨水管的情况，从错接处就近接入市政污水管网。

（2）小区出口与市政衔接处错漏混接改造。当现状污水管错接市政雨水管时，拆除或封堵现状错接污水管，新建污水管出口至市政污水管网之间污水管；当沿街商铺存在污水私自倾倒至雨水口时，将雨水口改造成截污口，截流的污水接至市政污水管网。小区分流雨水混接入市政污水改造。拆除或封堵小区现状雨水管至市政污水管网之间错接的雨水管；新建雨水管网接入下游雨水管网。

合流制区域
分流制区域

图9-12 长治市中心城区排水体制优化分区图

（3）市政道路错漏混接改造。分流制市政污水接入市政雨水管，拆除或封堵错接的市政污水管；新建错接点至下游市政污水管网间的污水管。分流制市政雨水接入市政污水管，拆除或封堵错接的市政雨水管；新建错接点至下游市政雨水管网之间的雨水管。合流制市政管网。复核现状管过流能力，新建污水管（或雨水管）。

为防止错接混接和私搭乱接，严格执行用户接入市政管网行政审批和事中事后监管制度，办理排水许可证后方可接入市政管网。排水用户有接入需求时，须提前向市行政审批局提出申请，市行政审批局组织市政管理中心等专业部门对现场情况、用户需求等进行勘查核实，并提出接入意见和施工规范要求，确保接入方案合理无误后予以批复。在市政管网养护排查和道路巡查管理中，市政管理中心依据内部制度文件（《市政排水设施养护周期与处置方案》），对雨污分流路段严查私搭乱接、私挖乱挖现象，发现一起整治一起，杜绝支管到户错接混接。

3. 逐步改造老旧管网

针对局部管网地下水入渗现状，长治市开展主城区污水处理厂收水区域内污水管、自来水管渗漏点排查，严控地下水入渗，根据排查情况同步进行整改。结合城市更新，对老旧排水管网实施改造，采用新型管材件，提高管道施工技术水平，降低管道接口漏水的概率；检查供水闸（蝶）阀、排泥阀等附属阀门启闭运行情况，避免渗漏的自来水流入污水排水管。

4. 管控整治施工降水

针对当前区域内施工降水管理无序现状，长治市加强巡查、监督，加强主城区污水处理厂收水区域内施工降水及工地废水排放管理。施工降水及工地废水经过三级沉淀池沉淀处理后，去除绝大部分悬浮固体再向外排放。分流制地区就近排入周边雨水管网，合流制地区通过建设导排管排入附近水体或雨水管网。

9.3.4 补齐污水管网设施短板

1. 加快推进老旧管网改造

持续性开展老旧破损和易造成积水内涝的污水管网诊断修复更新，重点推进材质落后、使用年限较长、运行环境存在安全隐患、不符合相关标准的污水老化管道，以及平口混凝土、无钢筋的素混凝土管道，存在混错接等问题的管道，运行年限满50年的其他管道的修复更新，全面提升污水收集效能。

2. 全面完成雨污分流改造

全市范围内所有新建污水收集管网实现雨污分流。因地制宜实施雨污分流改造，制定排水管网雨污分流改造攻坚行动方案，系统推进干管雨污分流改造，确保改造一段、分流一段；确实不具备条件的地区可通过源头改造、溢流口改造、截流井改造、破损修补、管材更换、增设调蓄设施等工程措施，降低合流制管道溢流频次。稳步推进庭院管网雨污分流改造，优先实施居住社区、企事业单位等源头排水管网改造。开展雨污合流制管网诊断修复更新，循序推进管网错接混接漏接改造。

3. 加强控制合流管网污染

在完成片区管网排查修复改造的前提下，推动实施合流制溢流污水快速净化设施建设，高效去除可沉积颗粒物和漂浮物，有效削减城市水污染物总量，促进水环境质量长效保持。支持城镇排水与污水处理系统配套建设污水调蓄池，控制初期雨水污染，减少合流制管网污水溢流排放。

4. 加强污水管网质量管控

加强管网建设全过程质量管控，做到管材耐用适用，管道基础托底，管道接口严密，沟槽回填密实，严密性检查规范。加快淘汰砖砌井，推广混凝土现浇或成品检查井，推广球墨铸铁管、承插橡胶圈接口钢筋混凝土管等管材。

9.3.5 加强再生水利用设施建设

1. 系统推进城镇生活污水资源化利用

根据工业生产用水、生态（景观）用水、城市杂用水等用水现状及未来需求，实施以需定供、分质用水。推动以现有城镇污水处理厂为基础，合理布局再生水利用基础设施。严格执行国家规定水质标准，在推广再生水用于工业生产、城市景观水体和市政杂用的基础上，通过逐段补水的方式将再生水作为河湖湿地生态来水。严控开发区（园区）新水取用量，推动将市政再生水作为工业生产用水的重要来源。加快推动开发区（园区）与市政再生水生产运营单位合作，合理规划配备管网设施。

2. 推动建设一批再生水利用试点示范

以城镇生活污水资源化利用为突破口，以工业利用、生态（景观）补水、城市杂用为主要途径，加强统筹协调，完善政策措施，开展试点示范，推进污水资源化利用实现高质量发展。结合现有污水处理设施提标升级扩能改造，系统规划城镇污水再生利用设施。探索建设污水资源化利用示范城市，规划建设配套基础设施，推动分质、分对象用水，实现再生水规模化利用。鼓励从污水中提取氮磷等物质，推广污水源热泵技术，推动减污降碳协同增效，助力实现碳达峰碳中和。鼓励重点排污口下游、河流入湖口、支流入干流处，因地制宜实施区域再生水循环利用工程。

9.3.6 推进污泥处理技术创新

1. 深入推进污泥无害化处置

加快推动新建污水处理厂明确污泥处置途径，鼓励采用热水解、厌氧消化、好氧发酵、干化等方式进行无害化处理。鼓励采用污泥和餐厨、厨余废弃物共建处理设施方式，提升城市有机废弃物综合处置水平。推动协同处置污泥设施建设，充分考虑当地现有污泥处置设施运行情况及工艺使用情况，限制未经脱水处理达标的污泥在垃圾填埋场填埋。

2. 加快实现污泥资源化利用

鼓励在实现污泥稳定化、无害化处置的前提下，稳步推进资源化利用。污泥无害化处理满足相关标准后，可用于土地改良、荒地造林、苗木抚育、园林绿化和农业利用。鼓励污泥能量资源回收利用，支持土地资源紧缺的地区推广采用"生物质利用+焚烧""干化+土地利用"等模式，推动将垃圾焚烧发电厂、燃煤电厂、水泥窑等协同处置方式作为污泥处置的补充。

9.3.7 提升专业化信息化水平

1. 全面提升污水处理厂运营管理水平

加快推进城镇污水处理厂实行市场化运营，依法实施特许经营。健全污水处理厂运营管理体系，强化培训机制、考核机制、激励机制，推动污水处理厂运营管理队伍建设，提高运营管理水平，保证运营质量，杜绝安全隐患。鼓励城镇污水处理厂采取切实有效的内控措施，加强对污水处理厂的监管力度，保证污水处理厂的规范运行。推动构建以污染物削减绩效为导向的考核体系，按照阶段性、周期性考核方式，对全市污水处理厂建设和运营开展督促指导，全方位促进设施建设和运营规范化。

2. 全面推进污水处理设施信息化建设

支持以县（区）政府为实施主体，依法建立城镇污水处理设施地理信息系统并定期更新，推动依托现有平台完善相关功能，通过接入最新的排水管网及附属设施普查结果，建立排水管网及设施综合数据库，持续提供数据检索服务。鼓励通过整理现有排水户、干支管网、泵站、污水处理厂、河湖水体等数据，建立标准数据档案系统，为市政日常监管、项目建设及设施运维提供数据服务。支持借助移动互联、物联网、云计算技术，建立完善的设施巡检养护、排水户动态监管体系，建立物联网监测试点，对排水管网实时运行工况进行数据采集、数据处理及数据分析，推动实现市政设施网格管理精细化、档案管理信息化、维修养护标准化、监管手段智能化。

9.4 机制建设

9.4.1 落实排水许可，从严溯源执法

为加强主城区排水管理，保障城市排水设施安全正常运行，防治城市水污染，根据《城镇排水与污水处理条例》《城镇污水排入排水管网许可管理办法》等有关规定，长治市制定了《长治市市区城市排水许可管理实施细则（试行）》，要求凡长治市市区范围内的排水户需向城市排水管网及其附属设施排放污水的，均须办理排水许可证。具体办证流程为：申请人向市政服务中心窗口提交资料或登录政务服务网络进行网上申报—审批中心对申请材料要件审查—由审批中心牵头，组织排水部门进行现场勘查—审批、发证。为保障全市污水排放达标达效，市排水事务中心定期对申请排水许可的排水户进行现场勘查核验，严格执行事后监管，针对排放不达标的排水户督促限期整改（图9-13）。

为杜绝企业单位及个体户在市政排水管网的错接乱搭，长治市确定由市排水管理处行业监管监察中心设施管理科对市政管网私接乱搭行为进行管理。在落实中加强执行力度，市城市管理综合行政执法局、市住房和城乡建设局、市生态环境局联合建立执法联动机制，实现对市政管网私

图9-13 对申请排水许可的排水户进行现场勘查核验

搭乱接和偷排等违法行为查处的信息共享，明确各单位职责，建立执法队伍、制度和工作机制，对污水直排、未经批准擅自纳管、工业企业偷排等行为明确执法记录。加强市政管网私搭乱接溯源执法，杜绝工业企业通过雨水管网偷排工业污水；规范沿街经营性单位和个体工商户污水乱排直排，对小、散、乱排污户、工业企业私搭乱接进行严格执法。

9.4.2　健全维护机制，实施专业养护

对建成区内的排水系统，当前由市政管理处负责进行权属普查，对普查结果进行登记造册，并建立排水管网地理信息系统。对照普查结果，对破损管段及雨、污管道错接、混接管段，责成修复和整改。按照国家标准要求的排水管网、泵站等设施的维护养护制度实施养护，根据管网特点、规模、服务范围等因素合理确定人员配置和资金保障，制定了以5～10年为一个排查周期的长效机制。

为保障排水设施的正常运行，市政管理中心成立了专业化设施养护部门，编制了《市政排水设施维护周期与处置方案》，严格按照相关标准定额实施运行维护。市政管理中心养护部门每年根据管网特点、规模、服务范围，配备排水养护专业人员20余名，养护管网长度320km，并投入相应的排水养护设备进行排水设施排查、整治。另外，下一步将鼓励居住小区将内部管网养护工作委托市政排水管网运行维护单位实施，配套确立责权明晰的工作制度，建立政府和居民共担的费用保障机制。

9.4.3　加强资金保障，推动共建共享

多渠道保障项目资金。加大资金投入，多渠道、多形式筹措资金，健全治污财政全力保障机制，财政部门通过强化资金配套，监督做好资金使用；发改部门通过污水费调价机制，重点支持城镇排水与污水处理设施建设。对于市政管网维护，市政管理中心根据《市政排水设施维护周期与处置方案》，每年对市政排水管网淤堵、损坏情况进行检查汇总，并于当年10月做出维修养护计划上报市财政局，市财政局依照维修养护计划将管网维护经费列入下一年财政预算。对于污水处理厂特许经营项目，生活污水处理厂专业运营项目公司每年进行运营预算，根据实际运营需要对全年现金流进行预测，运营部门每月上报资金计划，公司严格按照资金计划和预算情况开展运营工作，有效保证了公司运营工作的正常开展；市住房和城乡建设局委托市排水事务中心定期对生活污水处理厂专业运营项目公司开展运营考核和绩效评价，市财政局按照考核结果履行支付义务，确保主城区污水处理厂全面达效运行。

持续推动共建共治共享。借助网站、微信公众号等平台，为公众参与创造条件，保障公众知情权。通过加大宣传力度，引导公众自觉维护雨水、污水管网等设施，不向水体、雨水口排污，不私搭乱接管网，鼓励公众监督治理成效、发现和反馈问题。鼓励城市污水处理厂向公众开放。

9.5 取得的成效

9.5.1 进厂BOD浓度大幅提升

通过整治上游石子河、黑水河河水入管网，开展工业废水整治、截污箱涵连通，实施城区雨污分流与混错接点改造，管控建筑工地等施工降水，主城区污水处理厂BOD由2019年的99mg/L提升至2021年的123mg/L（图9-14）。

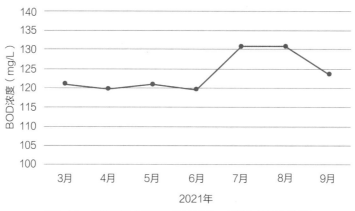

图9-14 主城区污水处理厂2021年3～9月进水BOD浓度

9.5.2 城市水环境持续改善

通过污水处理提质增效行动与黑臭水体示范城市建设相融合，长治市主城区河道水质显著提升。污水处理提质增效行动中，通过开展排口整治、城郊村污水收集处理、混错接改造等工作，彻底消除污水直排；通过源头海绵建设、过程雨污分流改造、末端CSO调蓄池建设，有效控制了合流制溢流污染；通过海绵化建设，有效减少了城市面源污染；结合黑臭水体整治对河道进行清淤疏浚、生态修复等，有效改善了河道生态环境。

2021年对主城区黑水河、石子河、浊漳南源水质监测结果显示，河道水质均达到地表V类水质标准，逐步实现"水清岸绿、鱼翔浅底"的效果（图9-15、图9-16、表9-4）。

9.5.3 居民获得感大幅增强

通过污水处理提质增效行动，城市河道排污口得到全面整治，污水收集量显著提升，石子河北部区域城市主支干道路实现雨污分流，河道水质显著提升，居民生活品质得到极大改善，群众获得感、幸福感显著增强。同时实现进污水处理厂水量下降，政府污水处理费支出减少，财政压力有所减轻，逐步实现了各部门联动，有力推进并完成了城市污水收集处理工作。

图9-15 黑水河治理前后实景对比

图9-16 浊漳南源治理前后实景对比

2021年长治市主城区黑臭水体水质监测结果（均值）   表9-4

黑臭水体名称	COD（mg/L）	溶解氧（mg/L）	氨氮（mg/L）	总磷（mg/L）	透明度（cm）	氧化还原电位（mV）	达标情况
黑臭标准	—	2	8	—	25	50	—
V类标准	40	2	2	0.4	—	—	—
黑水河	25.5	5.1	1.43	0.14	26.3	362.6	达到**V**类
石子河	23.7	4.9	0.33	0.29	30.2	369.4	达到**V**类
浊漳南源	25.3	5.3	0.65	0.35	44.2	375.2	达到**V**类

中规院（北京）规划设计有限公司生态市政院：孙学良 王晨

长治市住房和城乡建设局：阎安世 李聚真 郭绍晴

长治市排水事务中心：李亚敏 芦静 宋恒

山西省城乡规划设计研究院有限公司：张贺